FARMING
农业种植系列读物
车艳芳 曹花平 编著

果树修剪、整形、嫁接新技术

GUOSHU XIUJIAN ZHENGXING JIAJIE XIN JISHU

河北科学技术出版社

图书在版编目(CIP)数据

果树修剪、整形、嫁接新技术 / 车艳芳，曹花平编
著. -- 石家庄：河北科学技术出版社，2013.12(2024.4 重印)
ISBN 978-7-5375-6541-7

Ⅰ. ①果… Ⅱ. ①车… ②曹… Ⅲ. ①果树-修剪②
果树-嫁接 Ⅳ. ①S66

中国版本图书馆 CIP 数据核字(2013)第 268949 号

果树修剪、整形、嫁接新技术
车艳芳　曹花平　编著

出版发行	河北科学技术出版社
地　　址	石家庄市友谊北大街 330 号(邮编:050061)
印　　刷	三河市南阳印刷有限公司
开　　本	910×1280　1/32
印　　张	7
字　　数	140 千
版　　次	2014 年 2 月第 1 版
	2024 年 4 月第 2 次印刷
定　　价	49.80 元

Preface 👉 序

推进社会主义新农村建设，是统筹城乡发展、构建和谐社会的重要部署，是加强农业生产、繁荣农村经济、富裕农民的重大举措。

那么，如何推进社会主义新农村建设？科技兴农是关键。现阶段，随着市场经济的发展和党的各项惠农政策的实施，广大农民的科技意识进一步增强，农民学科技、用科技的积极性空前高涨，科技致富已经成为我国农村发展的一种必然趋势。

当前科技发展日新月异，各项技术发展均取得了一定成绩，但因为技术复杂，又缺少管理人才和资金的投入等因素，致使许多农民朋友未能很好地掌握利用各种资源和技术，针对这种现状，多名专家精心编写了这套系列图书，为农民朋友们提供科学、先进、全面、实用、简易的致富新技术，让他们一看就懂，一学就会。

本系列图书内容丰富、技术先进，着重介绍了种植、养殖、职业技能中的主要管理环节、关键性技术和经验方法。本系列图书贴近农业生产、贴近农村生活、贴近农民需要，全面、系统、分类阐述农业先进实用技术，是广大农民朋友脱贫致富的好帮手！

中国农业大学教授、农业规划科学研究所所长
设施农业研究中心主任　张天柱

2013年11月

Foreword ☞ 前言

农业是国民经济的基础，是国家稳定的基石。党中央和国务院一贯重视农业的发展，把农业放在经济工作的首位。而发展农业生产，繁荣农村经济，必须依靠科技进步。为此，我们编写了这套系列图书，帮助农民发家致富，为科技兴农再做贡献。

本系列图书涵盖了种植业、养殖业、加工和服务业，门类齐全，技术方法先进，专业知识权威，既有种植、养殖新技术，又有致富新门路、职业技能训练等方方面面，科学性与实用性相结合，可操作性强，图文并茂，让农民朋友们轻轻松松地奔向致富路；同时培养造就有文化、懂技术、会经营的新型农民，增加农民收入，提升农民综合素质，推进社会主义新农村建设。

本系列图书的出版得到了中国农业产业经济发展协会高级顾问祁荣祥将军，中国农业大学教授、农业规划科学研究所所长、设施农业研究中心主任张天柱，中国农业大学动物科技学院教授、国家资深畜牧专家曹兵海，农业部课题专家组首席专家、内蒙古农业大学科技产业处处长张海明，山东农业大学林学院院长牟志美，中国农业大学副教授、团中央青农部农业专家张浩等有关领导、专家的热忱帮助，在此谨表谢意！

在本系列图书编写过程中，我们参考和引用了一些专家的文献资料，由于种种原因，未能与原作者取得联系，在此谨致深深的歉意。敬请原作者见到本书后及时与我们联系（联系邮箱：tengfeiwenhua@ sina. com），以便我们按国家有关规定支付稿酬并赠送样书。

由于我们水平所限，书中难免有不妥或错误之处，敬请读者朋友们指正！

编　者

CONTENTS
目 录

第三章 果树整形修剪时期和修剪方法

第四章 常见果树的整形修剪

第五章　果树的嫁接技术

第六章 常见果树的嫁接

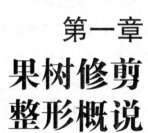

第一章

果树修剪
整形概说

第一节　果树整形修剪的含义

果树的整形修剪在果树栽培的综合管理中是非常重要的一个环节。大多数果树属于多年生植物，植株比较高大，枝条繁多，既有营养生长，也有生殖生长，而且果树生长发育的连续性和在空间上的立体性比较强。果树在生长发育的过程中，会在不同器官、不同空间和不同时期出现一些矛盾或者不协调的现象，要解决这些矛盾，使果树协调生长，就要通过整形修剪来调节。因此，对果树进行整形修剪在果树栽培管理中的作用非常重要。果树的整形修剪就是为实现果树的丰产、优质、低耗、高效的目的，利用一些外科手术（如剪枝、摘心、弯枝等）或者采用具有类似作用的措施（如应用生长调节剂），来调控果树的生长速度、方向和分生角度等，形成合理的树形，使果树生长与结果之间的关系得到有效调节的一种技术措施。其实，整形修剪包含两个方面，即整形与修剪，这两个词是并列的，既相互联系，又有所区别。

一、整形和修剪

所谓果树的整形就是根据不同果树的生物学特性和生长结果习性，以及不同立地条件、栽培制度、管理技术、栽培目的，对果树进行修剪和实施相应的栽培技术，将果树的树体培养成特定的形状和结构，使果树树冠的骨干枝按一定的形式排列，轮廓形成一定的形状，无论是个体还是群体都有较大比例的有效光合面积，并且能负载较高产量，结出品质优良的果实，形成方便管理或适宜观赏的合理的、科学的树体结构的方法。

果树一般从定植后开始整形，以后连续每年都进行，直到树冠成形。整形的目的是培养适合的具备最佳生产要求的树体结构，树冠一定要通风、透光良好，从而使果树实现早结果、早丰产、优质、稳产。

果树的修剪也叫剪枝，是利用不同果树的生物学特性或者为了美化或观赏的需要，对果树采用技术手段进行处理，如短截、缓放、回缩、疏枝以及造伤处理等人工技术或是施用生长调节剂，来调控果树枝的生长速度和方向以及分枝数量和角度，使树体的通风透光条件得到改善，对树枝的营养分配和转化枝类的组成进行调节，达到主枝、枝组的培养与更新，使生长与结果平衡，而且科学合理。因此，对果树进行修剪主要是针对枝条而言的，能够获得足量、稳定、健壮、生产周期长以及效率高等有利条件。

果树是在不断生长的，在其生长中会存在不同的问题，为了能够使幼树早成形、早结果、早丰产，使成龄树优质、高产、稳产，应根据果树树体的变化，对其枝条进行适当修剪。因此，修剪将会伴随果树一生。

果树整形与修剪的关系：整形是通过修剪来完成的，其主要目的在于培养骨架，充分利用空间和光能，使树体通风透光。而修剪是在整形的基础上进行的，主要目的是培养和更新枝组并处理一些局部不协调的问题，使果树的长、中、短枝比例协调，生长与结果能够保持平衡，并促进果树早结果、早丰产，而且连年优质、丰产、稳产，以最大程度地获得经济效益。

由于果树属多年生植物，因此在其生命周期中难免会存在生长与结果、衰老和更新等竞争关系，很容易在生产中经常出现一些问题，如适龄不结果、树冠比较密闭、落花落果以及高产低质等，为保证早结果、优质、丰产、稳产，对果树进行整形修剪是最佳的方法。因此，果树的整形修剪在生产上是最有特色的关键技术，对果树的生长和生产起着非常重要的作用。

二、整形修剪的生物学基础

果树修剪的重要依据是其生物学特性，对果树进行修剪要符合果树的生长结果特性，利用各种修剪方法以及相互配合的方式完成整形修剪的任务，以有利于实现早结果，使果树优质、高产、稳产。

果树的修剪直接作用于枝和芽，枝、芽特性在果树的整形修剪中非常重要，既可依其特性进行修剪，也可通过修剪对其进行调节，是指导整形修剪的重要依据。

（一）芽异质性的利用

若需在剪口下萌发壮枝，可在饱满芽处进行短截；如果需要削弱，可在春、秋梢交接处或基部瘪芽处进行短截。

（二）芽早熟性的利用

芽早熟性的树种一年能发生多次副梢，利用这个特点，可以通过夏季修剪加速整形，促进果树的早果生产。

（三）芽的潜伏力与更新

果树枝芽的潜伏力强，对于修剪发挥更新复壮的作用很大。如李树可以利用潜伏芽进行大枝更新，剪、锯口可萌发新枝 4~6 个。相反，桃树芽的潜伏力比较弱，因此，更新时通常只有 1~2 个新枝。

（四）萌芽率和成枝力与修剪

有些树种的萌芽率和成枝力强，长枝较多，因此容易整形选枝，但是其树冠容易郁闭，修剪大多采用疏剪、缓放等技术手段。对于萌芽率高和成枝力弱的树，由于其一般多形成大量的中、短枝和早结果枝，为增加长枝数量，在修剪中要注意适度地短截。若果树的萌芽率低，则应通过拉枝、刻芽等措施，来增加萌芽的数量。

第二节 果树整形修剪的原则和意义

一、整形修剪的原则

（一）因树修剪，随枝作形

果树的生长情况因受外因和内因的不同影响而千差万别，进行整形修剪时，为了适应这种差异性，应遵循"因枝修剪，随树作形"的原则，即进行整形时，既要事先想好修剪的计划，又要根据树的"长相"，随树就势，诱导成形。对于果树的枝条，应根据其作用、位置、长势等采用不同的修剪方法。修剪时应具体问题具体分析，切忌强求树形。如果要运用外地经验，也应结合本地、本园的具体情况，灵活掌握，有所取舍，科学合理地、创造性地提出适合本地、本园的一套修剪技术，只有这样才能随枝就势，诱导成形，千万不要违背树性，进行机械造型、为造型而造型。同类的枝条，彼此之间很多方面也会存在差异，如生长量、角度、硬度、成熟度和芽形成情况等，因此修剪的时候要掌握好火候，从而达到理想的效果。

（二）长远规划，全面安排

果树属多年生植物，树种不同，进入结果期的早晚也有所差异，其结果年限少则一二十年，多则上百年。通常来说，幼树结果早晚和盛果期年限的长短，与整形修剪得当与否密切相关。如果不注意树体结构和健壮情况，只强调果树早结果、多结果，就会使果树的结果年限缩短或形成小老树。但是如果只考虑树形，忽略适龄结果，又会使结果年限推迟，对经济收入有很大的影响。因此，应做到长远规划，全面安排，既要考虑长远又不能忽视当前，既要促进幼龄树生长好，结果早，早丰产，使果树生长、结果两不误，又要为树体的发展前途着想，使盛果期的年限延长。因此在果树的幼树期，要遵循"轻剪长放多留枝，整形结果两不误"的原则，使果树的结果提早、骨架牢固，为以后的丰产打下良好的基础。果树结果期后，修剪措施应遵循"控制树高，解决光线，抑前促后，充实内膛，调整生长与结果的关系，延长盛果期年限"的原则，促进果树的稳产、高产。衰老期的果树主要是通过回缩修剪，更新复壮结果枝组，使果树的经济寿命得到延长。

（三）平衡树势，主从分明

平衡树势就是要求同层骨干枝的生长相差无几，各层骨干枝保持均衡，防止出现上强下弱、下强上弱或一边强一边弱等现象，对果树进行整形修剪，要采取抑强扶弱、促控结合的修剪方法，来维持树体结构的圆满紧凑。主从分明就是要明确各级骨干枝之间的主从关系，使各部位长势均衡，中心干强于主枝，主枝强于侧枝，枝组单轴延伸，从枝为主枝让路。如果主从枝相互干扰，应适当控制从属枝条的生长，使各级骨干枝保持相应的差异和势力。总之，各级各类枝条在长度、高度和粗度上都不能长于、高于和粗于其所着生的母枝。

（四）以轻为主，轻重结合

未结果的幼树和初果期树在修剪时，要遵循"以轻为主，轻重结合"的原则。通过加强肥水管理和短截增生分枝，在促进其营养生长的基础上，对枝条进行合理分工。如果修剪过轻，会导致枝过多，易造成果园的郁闭；修剪过重，则容易旺长，对结果不利。

二、果树整形修剪的意义

（一）提早结果，促使早期丰产

许多果树的品种在自然生长的条件下，结果较晚，进入丰产的时期较迟。由于不同果树树种、品种具有不同的生物学特性，因此可根据这一特点，在对果树进行良好的土肥水管理和病虫害防治的基础上，实施相应的修剪技术措施，如在圃内进行整形时，有些果树一年多次发枝，利用这一特性，可以进行夏季修剪来促使其发枝，以加快树冠和结果枝组的形成；有的果树品种树姿直立、生长较旺、不易成花结果，针对这一特性，在冬季对幼树轻剪长放多留枝，夏季开张枝条角度、软化枝条、扭梢、拧梢、环割等，都可提早结果，促进早产、丰产。

（二）克服大小年，有利于稳产，延长经济结果寿命

对果树进行整形修剪，可使其形成合适的从属关系和主枝角度，使果树的骨架更加牢固，植株的负载量得到提高。骨干枝级次和数量应适当减少，骨干枝应呈层状分布。叶幕厚度和间距要保持适当的距离，不但要提高有效光合叶的面积比例，也要减少树体的非生产消耗，让植株的生产潜力发挥出来，以改善花、果的营养分配，提高结果产量。通过修剪调节枝梢的生长势，花芽分化的数量得到调控，果树的结果枝、预备枝和更新枝的数量比例适当，进而使果树的生长与结果得到平衡，克服果树的大小年现象，促进果树的高产、稳产。从果树的盛果期开始，可以根据长势对枝条及时和细致地进行更新复壮，延长果树的经济结果寿命。

（三）改善通风透光条件，减轻病虫害，提高果实品质

若整形修剪比较合理，则能改善树体的通风透光条件。树体结构若比较合理，即可调节果园的温度、湿度、光、气等。树形适

宜，即可使树体的抗逆性增加。如矮干整形、设架整形能够抗风害。有些树种不抗寒，可整成小冠形、匍匐形等。

整形修剪合理，能够使大枝分布合理，小枝疏密适当，树冠通风透光，整体叶片的光合效能提高，树体营养物质积累增加。这既有利于果实的生长发育，促使红色品种的果实色泽鲜艳，增加其着色面积，促使黄色和绿色品种的果实光洁无锈，风味浓郁，品质优良，又可以促使树势健壮，枝芽充实，使树体的抗病能力得到增强。通过修剪将病虫枝、叶、果和密生枝剪除，树冠通风透光良好，能够提高喷药质量，防止病虫害的滋生、传播和发展，使果实的品质得到保证。通过修剪，枝条的分布更加均匀，实现立体结果，还可以根据枝条的粗细、生长势和着生的叶片数量、所占空间的大小、历年的结果量等来确定合理的留果量，达到合理负载，促进果实的生长发育大小一致，以提高果实的商品质量。

此外，通过修剪，将过多的花芽、花和幼果疏除，以控制枝梢旺长，减少无谓的营养消耗，使树体的营养水平得到提高，促进果实的发育，有利于增大果个及提高果实的品质。有些旺树花芽少，可以通过轻剪缓放促进花芽形成。对于花芽过多的衰弱树，可以加大修剪量，将部分花芽剪除，促进树体的营养生长，使树体的长势得到恢复。

果实日烧病，又叫日灼病，是果园偶见的一种生理性病害，日烧病主要发生在太阳直射的南面或西南面，因此在修剪时，注意对树冠的南部和西南部适当地多留枝叶，使果实处在枝叶的保护中，避免果实遭受太阳的直射，使局部温度过高或温度急剧上升导致失水过多而发生日烧病。此外，若果肉中缺钙，则会产生水心病、苦痘病、木栓病等。在新梢旺长时，钙质会多向枝梢分配，使果实中钙的分配量减少，最终导致缺钙性生理病害的发生。解决措施是，除了增施含钙的肥料外，还可以适当地进行修剪，如对夏季旺长的新梢进行摘心、拧梢、扭梢以及对旺长大枝进行适度的环割，秋季疏除旺长枝也可适当缓解病情。

（四）提高工效，降低生产成本

一些乔木的果树如任其生长，会使树冠越来越高大，使得花果管理、修剪、喷药、采收等操作不便，降低功效，增加管理的成本。如果对果树进行整形修剪，则能够有效地控制树体大小，使全园的树形基本保持一致，留出适当的田间操作道，方便树上和树下的管理；而且如果果园的通风透光良好，则病害发生较轻、喷药的质量较高，就减少了喷药次数和喷药量，还有利于防治病虫害。因此，合理地整形修剪能够提高工效，减少人力和物力的消耗，降低生长成本。

（五）增强果树抗逆性，提高树体抗灾能力

大部分果树属于多年生植物，由于长期、连续地固定生长在一个地方，因而比一年生作物遭受不良环境条件影响的机会要多，通过合理的整形修剪，能够增强果树抗逆性，使树体的抗灾能力增强。如在多风和风大的地区，除要建立良好的防风林外，还可以将枝条固定在网架上，或者将树形修剪成低矮树形，对果树进

行矮化密植栽培，从而增强抗风能力，有效地减轻风害。在冬季寒冷地区，对苹果树和桃树可进行匍匐形整枝，对葡萄采用低干小冠整形的方式，这样有利于冬季埋土防寒，安全越冬。有些地区的桃、杏、梨等果树在花期容易遭受霜冻危害，为防霜和防冻可采用高干整枝的方式。

第二章
果树修剪整形的工具使用

一、修剪常用工具

果树修剪的工具在国内外有很多类型和型号，其制造的工艺不完全相同，耐用程度也不一样，但其作用是相同的。果树修剪常用的工具目前大致可分为七类，主要有修枝剪类、开角类、登高类、锯类、刀类、保护伤口类和辅助类工具（锉、磨石）。

（一）修枝剪类工具

1. 修枝剪　修枝剪在果树的整形修剪中属于最常用的工具，主要用来疏除或剪截直径小于 2 厘米的枝条。由于修枝剪的剪刀是修枝剪的主要部件，因此要求其材质好，软硬适度，软的不耐用且易卷刃，硬的容易在修剪中造成缺口或断裂。弹簧的长度应适宜且软硬适度，太软剪口不易张开，太硬使用起来费力，长度以能撑开剪口又不易脱落为宜。

若用修枝剪剪小枝，应将剪口迎着树枝分叉的方向或侧方。如果剪较粗的枝条，则应注意一手握修枝剪，另一只手要握住枝条，向剪刀切下的方向柔力轻推，使枝条迎刃而断（图 2-1）。用修枝剪剪枝一般采用平剪口。在寒冷的地区进行冬季修剪时，可以在芽上留 0.5~1 厘米的剪截，使其形成留桩平剪口。使用一定时间后，应及时进行磨砺。磨砺时不必拆开，只磨外边的斜面刀刃即可，为防止剪枝时两个刀刃难以密合，发生夹皮、夹枝，不要磨里边的平面刀刃和刀托。

图 2-1　修剪粗枝方式

为了提高修剪的工作效率，降低劳动强度，中国、瑞士、美国等国家研制出了两种修枝剪，即果树气动修枝剪与果树电动修枝剪。其中果树气动修枝剪是以汽油空压机为动力，中间则通过气管相连接，使用时 1 台便携式汽油空压机能够带动 2~4 把果树气动修枝剪同时进行操作，气动修枝剪连接的管长范围是 30~50 米。果树电动修枝剪是用锂电池为动力，每充一次电可连续作业 6~8 小时。使用这两种修剪工具既省时又省力，只需轻按开关，即能剪除直径 3 厘米的枝条。

2. 长柄剪　又叫整篱剪。这类修枝剪有两个金属长柄，主要修剪直径为 2~3 厘米的枝条和普通修枝剪修剪不到的部位较高的枝条。由于长柄剪有两个长柄，因此操作起来比较省力，而且比普通的修枝剪的操作范围大。目前，市面上出售的长柄剪有两种：一种总长度为 73 厘米，柄长不可调节；另一种长度可控制在 52~73 厘米，柄长可以调节。

3. 高枝剪　这类修枝剪的下部有一根长杆，长杆上安装着剪刀，主要用于高大树冠上部小枝的修剪。高枝剪主要分为普通型、手捏型和铡刀型，有的高枝剪上还装备着锯。长杆多用玻璃钢纤维或金属制成，长度有 1.5 米、2 米、3 米、3.5 米、4 米、5 米等不同类型。普通型、铡刀型的高枝剪，剪托上的小环由尼龙绳相接，使用时只要拉动尼龙绳即可将枝条剪下。手捏型高枝剪，在长杆的基部有一个手柄，修剪时握动手柄就能将枝条剪下。气动型的高枝剪也是以汽油空压机为动力，使用的方法类似于气动修枝剪。一般矮干小冠树不用此剪。

（二）锯类工具

1. 手锯　手锯主要用于锯除和回缩大枝条。手锯有直板锯和折叠锯之分。直板锯因不能折叠，所以携带不便；折叠锯用时打开，不用时可被折叠到塑料手柄的凹槽内，携带方便。锯齿有直立型和外向型两种，手锯选择的锯条要薄而坚韧，软硬适度，锯齿要锋利。锯条的长度以 30~40 厘米为宜，宽度以 3~4 厘米为宜。使用手锯时锯除大枝有两种方法：一种是"一步法"，即用手托住被锯枝，从基部一次锯掉，或者先在基部由下向上拉一锯口，深入木质部 1/4 左右，再由上向下将枝条锯掉。另一种是"三步法"，先在大枝基部以上 20~30 厘米的地方，由下向上锯除一半，再由上向下锯除一半，枝干会因为重力下垂从锯口处折断，最后再将残桩锯除（图 2-2）。手锯的使用，要求锯口与枝条垂直，锯口处比较平滑，残枝不能留太高，锯口的上方与母枝紧贴，下方比上方略高出 1~2 厘米。

2. 高枝锯　高枝锯是用来剪截、回缩和去除树冠高处枝条的必备工具。高枝锯可以安装在长杆的一端，也可以安装在长杆的两端，杆长一般为 3~4 米。高枝锯多是用一般手锯改装而成的，主要用于疏除或回缩高大树冠上部比较大的枝条。高枝锯主要分为普通高枝锯和高枝油锯两类。普通高枝锯由直板锯和长杆组成，可以用绳子将直板锯固定在长杆上。而高枝油锯多以汽油机作为动力设备，修剪时为防止夹锯，可以先锯枝条的下口，再锯枝条的上口，对于比较重的或大的树枝可以分段切割。在使用高枝锯的过程中，要注意安全。

3. 钢锯条 普通的钢锯条可以分为两段使用，主要用于春季萌芽前的刻芽或者主干或大枝的环割。钢锯条的使用方法是，在环割时环绕环割处用力摁入一圈，而不是锯一圈，如用于刻芽，可在钢锯条的一端缠上胶布，这样使用起来更加方便。

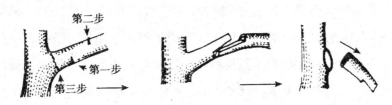

图2-2 三步法锯除大枝

（三）刀类工具

1. 削枝刀 削枝刀主要用于削平剪、锯口。削枝刀的选择应是刀刃稍有弯曲、锋利，便于削平圆形的剪、锯口。如果没有削枝刀，用修枝剪的刀或嫁接刀也可以。

2. 环割（剥）刀 Y形环割刀主要由刀柄和两片刀片构成，两刀片呈V形结构设置在刀柄上并和刀柄构成Y形结构，两刀片的刀刃位于其内侧。其结构简单，具有使用方便、造价低、适用面广、效率高等特点。使用时，可将V形刀片卡在环割处，然后再握住刀柄进行转动。钳夹式环割刀与钳夹式环剥刀主要由刀具、手柄、弹

17

簧和滚轮等构成。在使用时，将钳夹式环割刀与环剥刀夹在需要环割或环剥的树干或者大枝上，然后用手推动刀架的中心，进行顺时针转动。也可根据需要，通过调换不同口径的刀片来调整环割刀环割的深度，可以在环剥刀刀片的底部加纸垫或胶布等调整剥口的宽度。由于钳夹式环割刀与钳夹式环剥刀配置有弹簧和滚轮，因此操作时不会受树干和大枝形状的影响。若没有环割（剥）刀，可以用锋利的削枝刀或嫁接刀代替。

（四）开角类工具

常用的开角类工具主要有绳和"山"字开角器（图2-3）。绳主要适用于拉枝开角，既可以用于大枝也能够用于小枝。当需要开角的枝条较多时，如果都用绳拉枝开角可能会对土壤和树体的管理产生影响，在这种情况下，对于一年生小枝或在6~8月份对当年生的新梢可用"山"字开角器开角。"山"字开角器主要由8号铁丝弯曲而成，在使用时将开角器别在枝条的基部，等到枝条的延伸方向和角度固定好后，再取下开角器，等到明年再用。

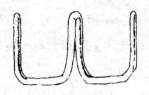

图2-3 "山"字开角器

（五）登高类工具

高枝剪、高枝锯很多情况下用起来并不太方便，有些果园为了提高工作效率，通过踩高凳、高梯来修剪树冠较高部位的枝条。对于特殊高位的枝条才用高枝剪、锯进行修剪。

高凳和高梯均是用坚固耐用的木材或钢材制成。登高类的工具主要包括高凳（图2-4）、三腿梯或者四腿梯等，主要用来修剪那些高大树冠的外围枝。高凳有木制的，也有铁制的；梯子有木制的、铝合金的，还有竹制的，其中用铝合金制成的数层套合在一起的升降梯，可以根据树冠的高度对梯子的长度进行调节。在国外进行机械化修剪时，则使用自动升降台，修剪人员可以站在台上修剪果树，省力省工，非常方便。

图2-4 高凳

（六）保护伤口类工具

对果树进行修剪后，造成的大伤口被病菌侵染后容易腐烂，可用小毛刷对较大的伤口涂上保护剂进行保护。常用的保护剂有松香清油合剂、石硫合剂、油漆、液态蜡、生熟桐油各半混合的油剂等。

（七）辅助类工具

辅助类的工具主要有鱼背锉（图2-5）、螺丝刀、钳子、磨石、扳手等。鱼背锉主要用于将锯类工具锯齿磨得锋利，磨石主要用于磨刀、剪类工具的刀刃及螺丝刀等。钳子和扳手则专门用于修枝剪、高枝剪以及环割（剥）刀等的维修。

图 2-5 鱼背锉

二、修剪工具的保养

（一）刀类、锯类和修枝剪类工具的保养

新购买的非免磨的刀类、锯类和修枝剪类工具，应该在使用前进行开刃、磨砺，当用钝后应该及时将其磨好，否则不仅费工费时，也容易将工具损坏，而且在修剪时造成的伤口也不容易愈合。在磨剪时，除了长柄剪、高枝剪需要卸开外，最好不要卸开修枝剪，虽然卸开后磨起来比较方便，但是在使用中螺丝容易滑丝，导致剪口容易滑动，剪刃也不好吻合。对于新购买的工具应该先用磨石的粗面磨再用细面磨，这样不但节省时间，还能使磨出的刀刃锋利，使

用一段时间后如果刀刃钝了，以后可以只用细面磨。磨剪时，只需磨刀刃的斜面。对于那些非免磨锯，应先将锯齿间的横向宽度调整好，不要太宽也不要太窄。太宽，会使锯口粗糙，伤口不容易愈合；太窄，则容易夹锯，费力费工，甚至会使锯条断裂。锯齿用鱼背锉磨砺，并且锉成三角形，这样的锯口平整，边缘比较光滑，伤口容易愈合。刀类、锯类以及修枝剪类的工具用完后，应先去除脏物，再用黄油或者凡士林涂抹，并用油纸包好，以免生锈。

（二）登高类工具的保养

选择登高类的工具时，材质要坚固耐用，在使用前应该仔细检查，如果松动应该及时进行加固。若不用时要妥善保管，不要让其雨淋日晒，铁制的高凳最好涂防锈漆进行保护。

（三）动力机器的保养与维护

动力机器的使用有一个磨合期，是从开始使用到第三次灌油期间，注意在使用时不能无载荷高速运转。如果进行全负荷的长时间作业，应该使发动机做短时间空转，让冷却的气流将大部分热量带走，这样就避免了驱动装置的部件积聚热量而导致的不良后果。要注意保养和维护空气滤清器，在使用时应该将风门调到阻风门的位置，避免脏物进入进气管。如果泡沫过滤器脏了，可以用干净非易燃的清洁液清洗，洗后要晾干。当毡过滤器不是很脏时，可以采用吹风除尘，但是不能进行清洗。滤芯损坏后应该及时更换。如果出现发动机功率不足、启动困难或者空转的故障时，应该及时检查火花塞并进行处理。若长时间不用，应该在通风处放空汽油箱和化油器，以清洁整台机器，尤其是空气滤清器和汽缸散热片，对于高枝油锯还应该将锯链卸下。

修剪工具如果长期不用，应该将其放置在比较干燥安全的地方保管，避免无关人员接触并发生意外。

第三章
果树整形修剪时期和修剪方法

1. **主干形** 主干形主要是依据天然树形进行适当修剪，这类树形有中心干，主枝分层但分层不明显，树冠比较高。此形通常用于银杏、核桃等果树，苹果密植果园的金字塔形属于此类型的小型化类型。

2. **疏散分层形** 又叫主干疏层形。通常情况下第一层有 3 个主枝，第二层有 2 个主枝，第三层以上每层 1 个主枝，排列比较疏散。我国的苹果、梨等果树过去常用此形。

3. **小冠疏层形** 又叫小冠半圆形。树高为 3~3.5 米，冠幅大约 2.5 米。通常情况下第一层有 3 个主枝，第二层有 2 个主枝，第三层可有可无，排列较疏散。此形是我国苹果、梨等果树现在的常用树形。

4. **变则主干形** 主枝螺旋排列在中心干上，不分层，顶端开心。这种树形过去曾应用在苹果、梨树上，但是由于成形和结果较晚，现在很少再用。

5. **多中心干形** 果树的自主干直立向上，培养中心干约 2 个或

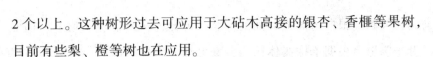

2 个以上。这种树形过去可应用于大砧木高接的银杏、香榧等果树，目前有些梨、橙等树也在应用。

6. 圆柱形　这种树形在中心干上不再分生主枝，而在中心干上直接着生结果枝组。比较适合用于密植栽培。

7. 自然圆头形　又叫自然半圆形。主干长到一定的高度短截后，任其自然分枝，并将过多的主枝疏除而成。目前多应用于常绿果树。

8. 主枝开心圆头形　又称主枝开心半圆形。主枝 3 个自主干分生后，最初会使其开展斜生，等到长到 1~1.4 米时，让其与水平线呈 80°~90°角直立向上，在其弯曲处保留较大侧枝，使之向外开展斜生，因此就主枝配置来说，树冠是开心的。

9. 多主枝自然形　此种树形靠近主干形成 4~6 个一二级骨干枝，且直线延长，根据树冠大小分生若干个侧枝。本形的主枝适当增加，可以充分利用空间，一般应用于除桃以外的核果类果树。

10. 自然开心形　在主干的顶端分生 3 个主枝，斜生，且直线延长，在主枝侧面分生侧枝。一般应用于核果类果树，此外，梨、苹果等也有应用。

11. 丛状形　没有主干，从地面分枝成丛状。一般主要适用于灌木果树，一些核果类果树也有应用。

12. 纺锤灌木形　又称纺锤丛状形。类似于主干形，不同的是树冠较矮小。树高为 2.5~3 米，主枝不分层，均匀地分布在中心干上。此种树形主要应用于矮化苹果。现在各种纺锤形树形的应用较广泛。

13. 树篱形　树冠的株间相接，行间有些间隔，果树的群体成为树篱状。根据树篱横断面的形状，可分为长方形、三角形、梯形和半圆形。根据单株树体结构，又可细分为多种树形。树篱形适用于矮化栽培的果树，适用于机械化操作。

14. 自然扇形　类似于棕榈叶形，但不设支架，主枝斜生，沿行向分布。干高20~30厘米，有3~4层主枝，每层有2个，第一层主枝与行向保持15°夹角；第二层主枝与行向保持和第一层相反的15°夹角，使上下相邻的两层主枝左右错开。

15. 棕榈叶形　目前最常用的篱架形就是此形，具体的树形有多种，苹果的棕榈叶形基本结构是，中心干上沿行向直立面分布主枝6~8个。主枝在中心干上的分布形态有两种，一种是较有规格的，叫规则式棕榈叶形；另一种是规格不严格的，叫不规则棕榈叶形。根据骨干枝在篱架上的分布角度，可分为水平式、倾斜式和烛台式等。其中倾斜式在葡萄上的应用一般称为扇形。

16. 单层或双层栅篱形　一般树体主要培养单层或双层主枝，然后将其近水平缚在篱架上。

17. 棚架形　蔓性果树常用此树形。

第二节　果树整形修剪的时期和方法

　　果树修剪的时期，主要分为休眠期修剪和生长期修剪。其中休眠期修剪又称为冬季修剪，生长期修剪又称为夏季修剪。

　　果树休眠期贮藏的养分比较充足，将地上部修剪后枝芽减少，将有利于集中利用贮藏的营养。因此，新梢的生长加强，在剪口附近的顶芽将长期处于优势。

　　春季在萌芽后修剪，萌动枝芽已将部分贮藏的营养消耗掉，如果已萌动的芽被剪掉，下部的芽就会重新萌动，使生长推迟，长势就会明显削弱。同时，将先端的芽剪除后，剪口附近的芽生长势的差别并不明显，从而提高了萌芽率，使新梢的数量增多，对于增加产量十分有利。

　　在夏季修剪时，树体贮藏的养分较少，而新叶的数量又会因修剪而减少，相同的修剪量，在夏季对树体生长的抑制作用相对较大，因此，修剪要从轻。

　　秋季进行修剪，树体的各个器官逐渐进入休眠期，并且进行养分贮藏，此时进行适当修剪能够使树体紧凑，使光照条件得到改善，使枝芽充实，复壮内膛；而且将大枝剪除后，来年春天的剪口反应

比休眠期弱，能有效地抑制徒长。

一、生长期修剪

从果树的春季萌芽至落叶果树秋冬落叶前进行的修剪就是生长期修剪。其主要作用在于控制树形和促进花芽分化。此外，还能促进果树的二次生长，以加速整形和枝组的培养，提高果实品质，减少落花落果，减少生理病害，将果实的贮藏期延长。由于修剪的具体时期不同，因此可将生长期的修剪分为春季修剪、夏季修剪和秋季修剪三种。

（一）春季修剪

果树萌芽后至花期前后的修剪就是春季修剪。大多数果树的修剪都在这个时期进行，但是为防止伤流，葡萄不宜在早春修剪。春季修剪主要分为花前复剪、除萌抹芽和延迟修剪。花前复剪主要是调节花芽的数量来补充冬季修剪的不足，一般在花蕾期进行。由于有些果树的花芽不易识别，或在当地易受冻，因此可留待花芽萌动后进行春剪或春季复剪。除萌抹芽就是在芽萌动后，将枝干上的萌蘖和过多的萌芽抹去，这样就可以使养分集中，以减少养分的消耗。一般来说，除萌抹芽越早对果树越有利。对于一些树势旺、冬季未进行修剪的果树，一般用延迟修剪。春季萌芽后修剪，萌动的枝芽已经消耗了部分贮藏的营养，将萌动的芽剪掉后，下部的芽会重新萌动，将生长推迟，因此，延迟修剪可以削弱树势，提高萌芽率，比较适合成枝少、生长旺、结果难的树种。特别需要注意的是，春剪的去枝量不宜过多，防止过于削弱树势。

（二）夏季修剪

在新梢旺盛的生长时期进行修剪即夏季修剪。此时树体贮藏的养分较少，又因修剪使新叶的数量减少，能有效地抑制树体的生长，因此，夏季修剪的修剪量应从轻。夏季修剪能够调节生长和结果的关系，促进花芽的形成和果实的生长；充分利用二次生长，将树冠进行调整和控制，对枝组的培养十分有利。但是在修剪中应根据具体情况采用具体的修剪方法，才能起到有效的调控效果，如可在新梢迅速生长期进行摘心或涂抹发枝素以促进分枝。夏季进行修剪的方法主要有摘心、剪梢、弯枝、扭梢、环剥、拿枝和化学修剪等，应根据具体情况，灵活应用。夏季修剪对幼树、旺树尤为重要。

（三）秋季修剪

在秋季新梢停止生长后至落叶前的修剪即为秋季修剪。在这个时期，树体的各个器官开始进入休眠和进行养分贮藏。此时适当地进行修剪，能够使树形紧凑，改善光照条件，使枝芽充实，复壮内膛。这个时候主要是剪除过密大枝，由于带叶修剪，养分的损失较大，一般当年不会引起二次生长，第二年的剪口反应也比休眠期修剪的弱，对控制徒长十分有利。一般幼树、旺树、郁闭的树比较适合进行秋季修剪，抑制作用比夏季修剪要弱，但是比冬季修剪要强。

总之，根据不同的树体状况以及在年周期中出现的不同矛盾，采取适当修剪措施非常重要。对于修剪的时期，应根据修剪的目的和所采取的方法而定，做到具体问题具体分析。

（四）修剪方法

（1）抹芽、疏梢　抹芽就是将生长早期没有用的新芽、嫩梢抹除。在生长早期及时抹芽，可以防止其长成竞争枝、徒长枝。疏梢就是疏除无用的新梢。在 5 月下旬到 6 月上旬，疏除密生处的旺盛新梢，能够节省养分和改善光照；或者在 9 月下旬、10 月中下旬，将大枝疏除或树冠落头，以减轻冬季修剪时疏大枝或落头后产生的不良反应。抹芽和疏梢可将无用枝条去掉，既能够改善树体光照，还能减少因冬季修剪时大量疏枝而造成的营养损失。

（2）摘心　将正在生长的新梢顶端的嫩头摘除。对那些能够利用而又需要控制生长的竞争枝、背上枝以及徒长枝，当它们生长到 40~50 厘米时，摘掉顶端 5~10 厘米的嫩尖，就是摘心。摘心能够削弱生长，促生分枝。也可以对生长旺盛的幼树的骨干枝的延长枝进行摘心，促进二次枝的生长，使中、短枝数量增加，以加快形成树冠。根据摘心的轻重可分为轻摘心，重摘心或者强摘心。摘心能够抑制枝条的生长，使营养生长转向生殖生长。如在花期和幼果膨大期对果台新梢进行摘心，促使新梢停止加长生长，能够减少营养和水分的消耗，提高坐果率，增大果个。新梢生长后期（8、9月份），要对还没有及时停止生长的新梢摘心，既能够促进花芽的进一步分化，将花芽的质量提高，又能够增加树体的营养积累，使树体的抗寒性增强，以减轻枝条冬季抽干。

（3）环剥或环割　就是剥掉一圈枝干的皮层（韧皮部）。这样就暂时中断了剥口上下有机营养的交换，能够有限度地将剥口以上部分的有机营养水平提高，促进花芽的分化；相应的，剥口以下部

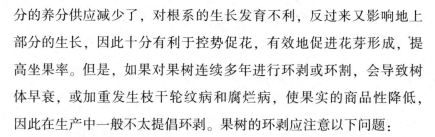

分的养分供应减少了，对根系的生长发育不利，反过来又影响地上部分的生长，因此十分有利于控势促花，有效地促进花芽形成，提高坐果率。但是，如果对果树连续多年进行环剥或环割，会导致树体早衰，或加重发生枝干轮纹病和腐烂病，使果实的商品性降低，因此在生产中一般不太提倡环剥。果树的环剥应注意以下问题：

① 旺树、旺枝适宜环剥，而弱树、弱枝不能剥，否则会导致死树、死枝。

② 5 月中下旬至 6 月上中旬为最佳环剥时期。

③剥口的宽度一般为 3~5 毫米，剥口的宽度可随着剥枝粗度的增加而增加，但是最宽不要超过被剥树干或树枝直径的 1/10。剥口要整齐，并且要保护形成层不受损伤。

④不同品种的果树耐剥程度不同，有些果树为不耐剥品种，如元帅系的苹果品种等，要适当地留通道并加强对剥口的保护，如缠裹塑料布等。

⑤ 应在枝干近基部的光滑处进行剥口，不能在分权处剥，要离开大约 5 厘米。

（4）扭梢、拿枝 扭梢就是扭伤基部的旺梢，用扭的方法将新梢的生长方向改变。5 月中、下旬是新梢旺盛生长时期，此时在新梢基部 3~5 厘米处，用手捏住新梢扭转 180°~360°，并向下折倒，削弱其生长，促使其形成花芽。扭梢一般只适用于苹果、桃等果树；梨、山楂等果树的新梢质脆易断，不宜应用。所谓拿枝，就是用手对枝条或新梢从基部到顶部捋一捋，使木质部受伤，但是响而不折，使枝条或新梢低头转向，不再恢复到原来的着生状态，也叫捋枝。对于那些竞争枝、旺枝还有位置不当的其他枝梢，如果有空间可以利用，就可以将这些枝梢从基部开始，用手轻折，使木质部受伤，使之发出轻微的折裂声而软化，直到使新梢折平或者先端向下。拿枝能够控制新梢生长，促进生发短枝，对花芽的形成有利。拿枝最好在秋梢旺长期进行，也可在春季花芽萌动时进行。一般苹果树比较适用；梨、山楂等果树的枝梢质脆，很容易折断，因此多不应用。扭梢、拿枝都能够阻碍树枝中的糖类向下运输和根系吸收的矿物营养向上运输，从而有效地缓和枝条的长势，促进短枝的生发，利于形成花芽。

（5）拉枝　拉枝就是用支杆或绳子等将枝条的角度改变，或者加大骨干枝的角度。拉枝通常在5~6月，用木棍将角度小的主枝的角度撑大，或用绳拉大。其主要作用是：

①使主枝、结果枝组的枝势平衡，以促进花芽形成。

②将枝条的上下角度和摆布的方位进行调整，可以改善通风透光条件，以提高果树的产量和品质。

③促进中短枝的形成，使枝条下部的光秃减少，有效结果的部位增加。

④促进幼树的树冠扩大，使其早成形、挂果。

二、休眠期（冬季）修剪

对果树进行冬季修剪也要考虑多种因素，如树种特性、越冬性、修剪反应以及劳力安排等。不同树种在春季开始萌芽的时间不一样，如桃、杏和李等果树比较早，而苹果、柿、枣、栗等果树较晚，因此，有些大型的果园，果树面积大、树种比较多，若修剪人员不足，应根据具体情况恰当安排冬季修剪的时间。萌芽早可早剪，萌芽晚的可晚一些再剪。有些树种，如葡萄，如果修剪过晚，则会引起伤流，从而削弱树势，因此，葡萄适宜的修剪时期应为深秋或初冬落叶后。核桃树适宜的修剪期是在春、秋两个季节，若在休眠期修剪，则会发生大量的伤流而将树势削弱。

对果树进行冬季修剪是为了将病虫枝、密生枝和徒长枝、并生枝、过多过弱的花枝及其他多余枝条进行疏除，对骨干枝、辅养枝以及结果枝组的延长枝进行短截；或者更新果枝，将过大过长的辅养枝、结果枝组进行回缩；或将过分衰弱的主枝延长头刻伤，然后刺激一定的部位，这样方便第二年转化成强枝、壮芽；冬季修剪还可以调整骨干枝、辅养枝和结果枝组的角度和生长方向等。

1. 修剪时期　从冬季落叶后至春季萌芽前所进行的修剪即为休眠期修剪。在休眠期，果树的树体贮藏着充足的营养物质，在修剪后由于枝芽减少，对集中利用贮藏养分十分有利，因此，当果树完全进入正常的休眠期以后、被剪除的新梢中贮藏养分最少的时候是在冬季修剪果树的最合适的时间。休眠期的修剪是对树冠整形和对果树的枝、芽、叶、花、果定向定位、定质定量的关键时期，可以促进树体在生长期平衡生长、按比例结果。因此，在休眠期修剪的主要任务是整形、调整树冠以及调整结果枝组的大小和分布，将密挤枝进行疏间或回缩，将病虫枝、密生枝和徒长枝疏除，控制果树的总枝量和花芽数，以改善光照条件，达到合理负载的目的。

2. 修剪方法

（1）短截　也称剪截，即将一年生枝剪短。根据剪去枝条的多少分为轻短截、中短截、重短截、极重短截，如果在环节盲芽处剪则称为戴帽短截。短截的主要作用是提高萌芽力和成枝力，局部促发旺枝，有利于果树的营养生长，但却不利于花芽分化，削弱了生长量，如果短截过重会明显地将树体矮化。一般头枝、竞争枝和枝少空间大处的枝条多用短截。

①轻短截：即将一年生枝顶端枝条的 1/5~1/4 剪去，如只剪顶芽，或者剪先端的很少部分。由于轻短截剪枝非常轻，留芽比较多，容易造成养分分散，而且在剪口下的芽都是半饱满芽，因此，枝梢的长势不旺，短截后容易形成很多中、短枝，能有效地缓和长势、促进花芽分化。

②中短截：一般在一年生枝中将枝条全长的 1/3~1/2 剪去，主要在枝条中部的饱满芽处剪截。中短截留芽较少，营养比较集中，而且剪口下为饱满芽，因此，主要应用于较少、较强的枝梢，这样一来，长枝多而短枝少，母枝则加粗生长快。中短截适于增强骨干枝的延长枝长势。

③重短截：即将枝条中、下部的 2/3~3/4 短截。此种方法短截较重，但是由于芽体小、芽的质量不高，发枝不是很旺，还有一些树种发枝弱。重短截一般多用在改造徒长枝和竞争枝、缩小枝组体积、培养小型枝组上。

④极重短截：主要是在一年生枝的基部留 1~3 个瘪芽进行短截。短截后一般发枝弱而且少，能够降低枝位，使枝类得到改造。如元帅系苹果，可以对其连续进行极重短截，以促生短枝结果。极重短截一般多用于对竞争枝补空或者对短枝型进行修剪。

（2）疏枝（疏剪） 疏枝就是将一年生枝或多年生枝的枝条从基部齐根剪掉。根据疏去枝条的多少也可分为轻疏枝、中疏枝和重疏枝。疏枝主要是对过密枝、交叉枝、重叠枝、竞争枝、徒长枝、枯死枝、病虫枝等进行疏剪。疏枝时要注意，对于旺树的旺枝要做到去强留弱，弱树的弱枝则要去弱留强。疏枝的作用是：改善果树的通风透光条件，以增加花芽分化的数量和提高果实的品质；并且能够抑制伤口以上的枝梢生长，促进伤口以下枝梢生长，且伤口愈大、离伤口越近的枝梢受其影响愈大，其作用的范围比较小而且作用的程度也比较弱。如果疏剪过重，同样会抑制和矮化树体。

（3）回缩（缩剪） 一般是在多年生枝条的分枝处进行剪截。一般情况下，在剪口下留一壮枝，俗称留瓣。回缩的作用与短截相同，但是剪口留枝的强弱关系到其生长的效果。回缩主要应用于以下几方面：第一，将长势平衡，复壮更新，将多年生枝的前后部分和上下部分进行调节。第二，转主换头，使骨干枝延长枝的角度和生长势得到改变。第三，培养枝组，对萌芽成枝力强的品种先进行缓放然后回缩，形成多轴枝组。第四，改善光照条件，如整形完成后适当地落头，并且对一二层主枝间的大枝适当地进行回缩。另外，将枝组的长度缩短，使枝组内的小枝数减少，这样一来养分和水分就集中供应留下的枝条，有利于复壮树势。

（4）缓放 又称甩放、长放，即对一年生枝仅打掉不成熟的秋梢或者不做任何修剪。由于缓放枝没有剪口，因此，缓放起不到局部的刺激作用，但能够减缓顶端的优势，促使枝条下部芽萌发，提高萌芽率，缓和树枝的长势；由于枝条停止生长的时间早，养分积累得多，有利于形成花芽和结果。缓放适合幼树和应结果而未结果的旺树，这样能促进其提早结果。通常情况下健壮的平生枝、斜生枝以及下垂枝缓放效果好，直立枝下部容易光秃，应该配合刻芽和开角。长放又主要应用于培养结果枝，一般的中庸枝、斜生枝和水平枝也比较适合长放。若树背上有直立枝，顶端的优势强，母枝的增粗快，则容易造成"树上长树"的现象，因此不适合长放；如果需要长放，应配合曲枝、利用夏季修剪等措施来控制生长势。

（5）刻芽（目伤）　刻芽是在果树萌芽前在芽上0.5厘米左右的位置，用小钢锯条在上面横刻一道痕，深达木质部。刻芽能够促进芽眼萌发抽枝，一般用于定位发枝。在同一枝上进行刻芽时，要注意上部芽的伤口稍浅，下部芽的伤口稍深。

第四章
常见果树的
整形修剪

一、生长结果习性

（一）芽及其类型

苹果树的芽按着生位置可为两类：顶芽和侧芽。顶芽着生在枝条的顶端，侧芽则着生在枝条的叶腋间（图4-1）。

按性质分则可分为叶芽和花芽。叶芽的芽体比较瘦小，在萌发后只抽生枝条和叶片。花芽属于混合芽，芽体比较肥大而充实，萌发后会抽生枝梢，在枝梢的顶端开花结果。花芽分为顶花芽和腋花芽，顶花芽着生于枝条的顶端，坐果率较高；腋花芽则着生在叶腋间，由于其形成和开花较晚，因此坐果率较低。

按饱满程度划分可分为饱满芽、半饱满芽、瘪芽。饱满芽的芽体比较肥大且充实饱满，发育很健壮；瘪芽则芽体瘦小，发育不良。

饱满芽大多着生在枝条的顶端和春梢的中上部；瘪芽则着生在枝条的基部和下部，以及春、秋梢的交界处；半饱满芽则着生在饱满芽与瘪芽之间。芽的萌芽力与其发育的饱满程度有关，芽发育得越充实饱满，其萌芽力也就越强，抽生的枝条也就越健壮。因此，为平衡树势，常利用芽的饱满程度来调节树体或枝条的生长势。

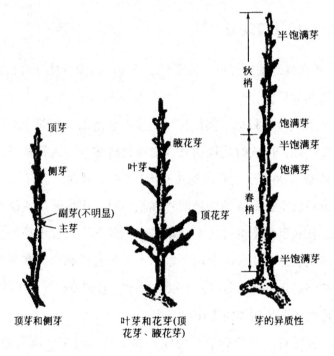

图 4-1 苹果树芽的类型

按其发生的部位可分为定芽和不定芽。定芽主要着生在枝条顶端或叶腋间；不定芽的发生位置不确定，大多发生在剪、锯口处。不定芽在萌发后容易抽生徒长枝，一般用于树体更新。

按次年是否萌发可分为活动芽和潜伏芽。枝条上的芽形成后，在次年能萌芽的芽称为活动芽。一般活动芽多为花芽和顶芽；顶芽与枝条中上部的芽，顶端优势明显，也大多为活动芽。枝条上的叶芽形成后，次年由于营养不良或者其他原因导致有些芽不萌发，但是仍存活，这些芽叫作潜伏芽或隐芽，多在枝条的下部着生。枝条着生在母枝的基部，两侧各有 1 个副芽，芽形比较小，也属潜伏芽。存活的潜伏芽在受到刺激后大部分萌发形成了徒长枝。

（二）枝及其类型

1. 发育枝　按发育枝的长度和生长势可将发育枝分为长枝、中枝、短枝和徒长枝。

（1）长枝　长枝的节间较长且明显，枝条的生长量大，营养竞争能力比较强，形成时消耗的营养物质比较多，形成长枝所需的时间长（通常为 90 天，有的可达 120 天）。在年周期内常有 1~2 次的生长，第一次生长形成的新梢叫作春梢，第二次生长形成的新梢叫作秋梢。长枝所制造的光合产物量最多，其光合的强度前期低，后期高，新梢在停止生长后会向外输出大量的营养物质，其制造的光合产物能够运送到树体的枝、干以及根中，起到养根、养干的作用，能有效地整体调控树体的生长。

由于长枝对营养的竞争能力强，如果长枝过多，就会导致中、短枝得到的营养少，使其生长瘦弱，不容易成花。如果长枝过少或没有长枝，则树体营养总量就会减少，往往会造成树体衰老，影响新根的发生。为保证树体营养的合理分配，一般成年树的树冠中长枝比例在 3%~5% 为最好。

（2）中枝　中枝的节间比较短，但是很明显，有顶芽和侧芽，通常一年只生长一次，但营养消耗明显要比短枝多，中枝所制造的营养既能够用于自身的形成，又能够给周围的新梢供应一部分。因为花芽的形成和果实发育需要营养，有的中枝在当年能够形成花芽而成为结果枝。

（3）短枝 短枝形成所需的时间短，但是其营养物质积累的时间长，短枝后期的光合生产量要比长枝和中枝小，并且基本供给自身的生长而不外运，起不到养根、养干的作用。苹果成花的主要枝条就是短枝，一般短枝具有 4 片以上大叶的比较容易成花，大叶在 4 片以下的短枝顶芽比较瘦弱，大部分不能成花。要保持树体连续稳定结果，应将树冠中具有 4 片以上大叶的短枝维持在 40% 左右。

（4）徒长枝 徒长枝的枝条生长量大，叶片小，枝条不充实，不容易形成花芽。除了在大枝更新时利用徒长枝之外，大部分情况下应该将其疏除。

2. 结果枝 着生花果的枝叫作结果枝，结果枝还可以分为长果枝、中果枝、短果枝和短果枝群（图 4-2）。长果枝的长度在 15 厘米以上，顶芽为花芽，腋芽也具有一定的萌发能力；中果枝的长度在 5~15 厘米，顶芽为花芽，腋芽较明显，但是其萌发力比较差；短果枝的长度在 5 厘米以下，顶芽为花芽，腋芽较小或者不明显；短果枝连续分枝形成的群状短果枝，其结果寿命为 4~7 年，修剪时应及时更新复壮，将其结果年限延长。此外，苹果的花芽萌发结果时，果柄着生部位变得膨大，称为果台，在果台上发生的枝条叫作果台枝或者果台副梢，果台副梢形成的花芽叫作副梢果枝。

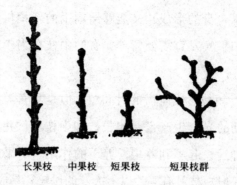

长果枝　中果枝　短果枝　　短果枝群

图 4-2　结果枝类型

（三）生长结果习性

苹果枝条的芽异质性比较明显，品种间的萌芽力和成枝力有很大的差异。新梢有 2~3 次加长生长，长梢有春梢和秋梢之分而且比较明显。秋梢在 6 月下旬至 7 月上旬开始生长，一直持续到 9 月份，其中生长最旺的时期是在 7、8 月份。生长枝分为长枝、中枝、短枝和叶丛枝，其中大于 30 厘米的是长枝，中枝在 5~30 厘米，短枝小于 5 厘米，叶丛枝小于 1 厘米，培养中短枝是为以后形成结果枝打基础。

苹果定植后，一般在 3~6 年开始结果，寿命能够达到 40~60 年。但是由于品种、砧木类型、环境条件以及栽培管理技术水平的不同，其寿命也各异。

1. 树体高度与寿命　苹果属于乔木树种，树体高大，寿命长，在自然生长的条件下，树体的高度可达 8~14 米，但在人工栽培条件下，就可将树冠的高度控制在 4 米之内，冠径控制在 5 米之内。在干旱、瘠薄的山区，苹果树高只有 1~2 米。如果采用矮化砧木和短枝型品种，在平地栽培时树高也能控制在 3 米之内。苹果树的寿命与多种因素相关，如栽培条件、土壤状况、地下水位、病虫害、气候条件等。一般在适宜的栽培条件下，乔化砧木的普通型苹果品种的植株寿命可长达 60~70 年；矮化砧木的普通型品种，其寿命可达 20~30 年。

2. 萌芽力和成枝力　由于苹果树的品种不同，其萌芽力和成枝力的强弱有明显的差异（图 4-3）。一般普通型富士的萌芽力比华冠的萌芽力强，短枝型品种的萌芽力比普通乔化型的品种强。枝条的类型不同、树龄不同，其萌芽力的强弱也不相同，如徒长枝萌芽力弱于长枝，长枝弱于中枝，直立枝要弱于平斜枝和水平枝，幼树弱于成龄树。萌芽力会随着枝条结果数量的增加和开张角度的增大而增强。苹果树萌芽力的强弱与成花的早晚密切相关。对于萌芽力强的树种，抽生中、短枝多，比较容易成花，结果早，早期产量较高。但是枝量过多，会造成树冠郁闭，修剪时要注意。

萌芽力强，成枝力强，对修剪反应敏感　　萌芽力强，成枝力弱，对修剪反应不敏感　　萌芽力弱，成枝力强，对修剪反应敏感　　萌芽力弱，成枝力弱，对修剪反应敏感

图 4-3　萌芽力和成枝力

苹果树成枝力的强弱受苹果树的品种、树龄和树势的影响。对于成枝力强的品种，如普通型富士，其年生长量大，生长势比较强，整形比较容易，但由于中、短枝比较少，因此较难成花，结果相对晚，因此整形可整成大冠型树形，可使骨干枝级次多一些，使各类枝条得到充分利用，尽快培养好树形，使树体结构尽快牢固成形。对于成枝力弱的品种，如短枝型的品种，其年生长量小，长势比较缓慢，树冠紧凑，有较好的光照条件，容易成花，结果早，可以整成小冠型树形，骨干枝级次要少，有利于早结果，早丰产。

3. **芽的异质性** 苹果树芽的异质性明显，枝条基部的芽比较瘪，中部的芽比较饱满，近顶端的芽不充实。由于芽的质量不同，因此萌芽力和萌发后的生长势也不同，如充实的顶芽容易萌发而且萌发后多发育成壮枝。修剪时要在饱满的侧芽处留剪口，这样抽生的枝条最壮；其次是半饱满芽处，要在瘪芽处留剪口，这样抽生的枝条短。短截时要利用剪口芽的强弱来增强树势或缓和树势，使树势得到平衡。

4. **顶端优势** 苹果树的顶端优势受多种因素的影响，如树龄、品种、枝条着生角度以及枝芽质量等，一般乔纳金品种的顶端优势比长富2品种的强；幼树和旺树比老树和弱树的顶端优势强；直立枝比斜生枝的顶端优势强；枝条生长强壮、剪口芽饱满的比枝条生长弱、剪口芽较瘪的顶端优势强。果树整形修剪中经常应用的技术措施便是利用和控制顶端优势，主要方法是将枝、芽的空间位置抬高，或者利用位于优势部位的壮枝、壮芽，来增强生长势；还有就是将枝、芽的空间位置压低，或者将枝条的开张角度加大，使生长势得到缓和。

5. **层性和干性** 苹果树枝条上部的芽萌发为强枝，中部的芽则萌发为较短小的枝条，基部瘪芽大多不萌发而形成隐芽。苹果树根据这样的生长规律逐年向上生长，就会使枝条形成层状分布的状态，即所谓的层性。通常成枝力强的品种，其层性较弱；相反，成枝力弱的品种，其层性强。有些品种层性较强，如金冠品种，比较适合采用有中心干、层间距不太大的分层形，如小冠疏层形等；有些短枝型品种，层性较弱，因此适宜采用自由纺锤形和开心形等。

苹果树干性的强弱受多种因素影响，如果树的品种、生长的自然条件、管理水平等。

6. **结果枝类型** 不同时期和品种主要结果枝类型不同。大多数的苹果品种主要是以短果枝结果，特别是短枝型品种，短果枝比例占90%以上。有些苹果品种如金冠、红富士等，幼树和初果期树主要是以中、长果枝结果；进入盛果期的树和弱树，主要以短果枝结果。因此，在修剪的过程中，应注意根据树龄的大小，保护和促进有利于形成主要结果枝类型的树枝。还有的苹果品种有腋花芽结果的能力，尤其是在初果期特别突出，如红富士苹果的幼树腋花芽主要着生在30厘米以上的长枝的中上部，因此，在修剪的过程中要注意短截部位。

7. **连续结果能力** 苹果的连续结果能力的强弱受品种、树龄、果枝类型等因素影响。一般来说，结果枝连续结果能力会随着结果枝枝龄的增长和果台坐果率的提高而降低。因此，应该每年对结果枝进行更新修剪，遇到开花结果过多的年份还应进行疏花疏果，以使结果枝较强的结果能力得以维持。此外，不同的品种之间连续结果能力也有很大差异，如金冠品种的健壮树的中、长果枝可连续结果 2~3 年，元帅系品种的结果枝可连续结果 2 年。有的果树品种和结果枝几乎不能连续结果，如红富士品种，特别是营养条件不足时，其结果枝需隔 1~2 年才能结一次果。大部分苹果品种的结果枝连续结果 3~4 年以后，结果能力会有明显的下降，因此，应适当地轮流更新结果枝，每隔 3~5 年应使全树的结果枝更新一次，来保持结果枝的健壮，使其正常结果。

二、主要树形

（一）小冠疏层形

小冠疏层形的树高为 2.5~3 米，树干高为 30~40 厘米，冠径约 2.5 米。全树有 5~6 个主枝，且分层排列。第一层有主枝 3 个，邻接或者邻近，开张角度为 60°~70°，在每个主枝上各配备有侧枝 1~2 个；第二层有主枝 1~2 个，插在第一层的主枝空间中，开张角度为 50°~60°，直接着生中、小枝型的结果枝组；第三层有 1 个主枝，其上直接着生小型结果枝组。第一层和第二层的间距为 70~80 厘米，第二层和第三层的间距为 50~60 厘米。各个层的层内间距为 10~20 厘米或者相邻接（图 4-4）。

小冠疏层形的主枝少，枝组较多，角度开张，骨干枝级次较少，有良好的光照条件，树势较稳定，产量高，比较适合中密度的栽培方式。

图 4-4 小冠疏层形

（二）自由纺锤形

自由纺锤形属于中小冠形，一般用于矮砧普通型、半矮砧普通型和生长势强的短枝型品种组合。适宜采用的栽植密度为：株距 2.5~3.0 米，行距 4 米。

自由纺锤形的树高为 2.5~3.0 米，干高为 50~70 厘米，中心干上着生主枝 10~15 个，同向的主枝间距大于 50 厘米。主枝长度为 1.5~2.0 米，分枝角度为 70°~90°，其上着生枝组。随树冠从下到上，主枝的体积变小，长度变短，分枝的角度变大，着生的枝组变少、变小（图 4-5）。

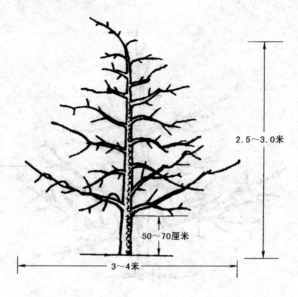

2.5~3.0米

50~70厘米

3~4米

图 4-5　自由纺锤形

（三）细长纺锤形

细长纺锤形属于小冠形，通常情况下适用于矮砧的普通品种、矮化中间砧短枝型品种组合的果树。适宜采用的栽植密度为：株距 2~2.5 米，行距 4 米。

细长纺锤形的树高为 2~3 米，干高为 50~70 厘米，冠径为 1.5~2.0 米。中心干上不分层次，均匀分布有势力相近的 15~20 个水平细长的侧生分枝。随树冠从下到上，侧生分枝的长度变短，角度变大（图 4-6）。

（四）圆柱形

圆柱形的树高大约 3 米，中心干较直立，没有主枝，果树的结果枝组直接着生于中心干上，没有分层次，向水平方向延伸，树冠更加细小，而且其上下大小差不多，像一个圆柱体（图4-7）。

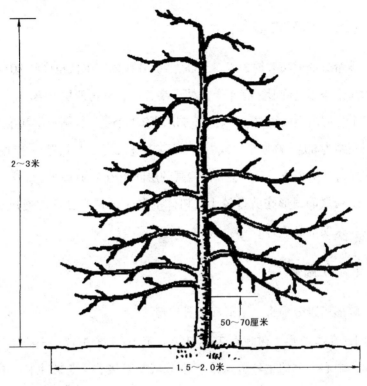

图 4-6　细长纺锤形

图 4-7　圆柱形

圆柱形比较容易整形，而且成形快，容易早结果，在生产上对更新和密植十分有利，适宜的栽植密度为每亩 111 株。

（五）珠帘式

珠帘式的树高大约 3 米，干高大约 70 厘米，主枝角度约 80°，形状为高干矮冠垂柳形。有 4 个主枝十字开心，分为两层。第一层有主枝 3 个，层内距大约 50 厘米；第二层只有 1 个主枝，第一层和第二层的层间距为 80~100 厘米。或者第一层有主枝 2 个，层内距位 30 厘米；第二层有 2 个主枝，第一层和第二层的层间距约为 80 厘米。

珠帘式的树形修剪量较小，树体的各个部位有良好的通风透光条件，果实的品质好。

（六）扇形

扇形可以分为直立扇形和折叠扇形。

1. **直立扇形** 树高为 2.5~3 米，有 6~7 个主枝，中心干居于中间，中心干上的主枝分层或者不分层，直接着生小的主枝，主枝向行内延伸或者稍微有些偏斜，在主枝上直接着生结果枝组，使树冠形成一个扁平扇状，其厚度在 2 米以下。

2. **折叠扇形** 树高为 2~2.5 米，宽为 1.5~2.5 米，冠径约为 1.5 米，树冠的形状为扁平形，中心干不明显，有 4 个水平主枝，并且向两侧延伸，水平主枝上主要着生中、小型结果枝组，叶幕成层，株与株之间连成树墙（图 4-8）。

该树形属于垂直扁平的小冠型，树形比较简单，早结果且产量高，树冠的两面有良好的通风透光条件，适用的范围广，不但用于短枝型品种，而且还用于乔化砧木普通型品种。适宜的栽植密度为：株距 1.5~2 米、行距 2.5~3 米。最适合干性强的普通型品种。

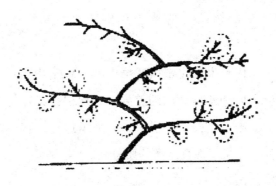

图 4-8　折叠扇形

（七）"Y"字形

"Y"字形的树高为 2~2.5 米，冠幅为 1.5~2 米，行间的冠幅低于 3 米。干高为 40~60 厘米，没有中心干，有两个较大的主枝分生在主干上，并向行间斜向延伸，两主枝开张角度大约为 50°，形状像 "Y" 字。主枝直线延伸或小弯曲延伸，在基部的 20 厘米处可以留一背下平生或稍微有些下垂的大型结果枝组，中上部主要侧生中、小型结果枝组，拉平或略微下垂，背上留少数的小型结果枝组（图 4-9）。

该树形比较适合苹果的矮化密植栽培，而且其通风透光好，果实的品质佳，方便进行机械化操作，最宜进行宽行密植栽培。

（八）篱臂形

篱臂形的树高为 1.7~2 米，干高约为 70 厘米，全树共分 3 层，有6个主枝，各层之间的间距约为50厘米（图4-10）。在对幼树进行定植时，可在每个穴内顺行向双株栽植，株与株之间的间距为20厘米，两棵臂形的树的上部枝条互相交叉形成树冠，形成"一冠双干"。

篱臂形是近代苹果矮化密植栽培中的一种常用树形。后来，由于砧穗组合的不同和栽植密度的差异，各地根据具体情况，在篱臂形的基础上，又创造出棕榈叶扇形、水平扇形等，它们的共同优点是光照条件好，结果早而且果实的质量高。

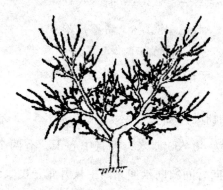

图4-9 "Y"字形

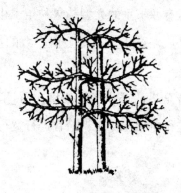

图4-10 篱臂形

（九）开心形

开心形的树高为 2.5~3 米，树冠低于 3 米，没有中心干。干高为 50~60 厘米，上方 20~30 厘米间着生均衡的 3 个大主枝，且 3 个主枝之间的平面夹角大约为 120°，一般在东南和正南方向不要留主枝。在每个主枝上留下侧枝 4~5 个，以背斜的侧枝为主，以背后侧枝为辅，背上留下小型结果枝组。开心形主要是由小冠疏层形落头开心改造而成。

三、整形修剪

（一）幼树期树的整形修剪

幼树期，除了竞争枝和近地的枝梢外，将定干后发出的所有枝条保留，第 3 年冬季修剪时将整形带以下的多余枝条全部疏除。春季刻伤枝条中后部、两侧不易萌发的芽。在冬季修剪时，一二年生树主要以中、短截发育枝为主，促发长枝；缓放两年生树的个别长枝和三年生树的大部分长枝，促发中、短枝；两三年生树在生长季进行拉枝。

1. 生长特点　幼树期树的特点是生长旺盛，有明显的顶端优势，有很多徒长枝而且枝条紊乱等。幼树的树冠小，枝叶量较少，发育枝较多，枝条的生长量通常大于 1 米，树冠扩大比较迅速，而且能形成少量的花芽。

2. 修剪任务 这一时期的修剪任务是：着重培养标准的树形，使树冠尽快扩大，快速培养结果枝，促进果树早产、丰产。要促进树体的生长发育，应选好主枝和侧枝，对主枝的角度进行开张，培养结果枝组，利用好辅养枝，促进其早结果，为幼树的早产、高产创造条件，并且采用多截少疏的措施，来增加枝叶的数量。

（1）定干定植 定干定植后到春季萌芽前，根据果树的树形、品种、栽培的条件以及自然条件等要求，在比较适宜的高度定干。如根据树形进行定干，小冠疏层形为 30~40 厘米，自由纺锤形为 60~70 厘米，细长纺锤形为 90~100 厘米，折叠扇形不进行定干；如依据品种定干，对于枝条长而软的果树品种，其定干高度应为 60~90 厘米，对于枝条短而直立的品种，其定干高度为 50~80 厘米；在肥水条件好的地区进行定干，其高度一般在 60~90 厘米，若地区的肥水条件较差，则定干的高度应该适当降低，以 50~80 厘米最宜；有些地方的风大，定干高度控制在 50~80 厘米为宜；有的地区霜冻多，定干高度控制在 60~90 厘米为宜。

（2）培养骨干枝 果树定干后结合刻芽促发枝条，使枝叶的数量增加。根据整形的要求选留合适的配备骨干枝，骨干枝的长度应尽量留长，并且选留壮芽。通常情况下，应将竞争枝疏除。等到冠径的大小达到基本要求时，应当对骨干枝的延长枝进行缓放，使生长势得到减缓，使中、短枝的数量增加。在修剪时应注意分清主枝和辅养枝，辅养枝要让位于骨干枝，可在夏季修剪时，通过轻剪、缓放、摘心、扭梢、环剥、拉枝、刻芽、拿枝等方法，使枝条的生长势减缓，以促进花芽的形成，促进其早结果。

（3）充分利用辅养枝 应将辅养枝过密的部位进行疏除，其余的辅养枝通常长放不剪，并且通过拉枝来开张角度，以给骨干枝让路。等到结果后，再按照实际情况采用疏、放、缩等方法对辅养枝进行及时处理。

（4）开张枝条角度　若主枝的角度开张，就能够保证中心干的优势，使树体的长势得到缓和，既对通风透光有利，也能有效地促进成花结果。对主枝角度的调整，主要有以下几种方法：

①对苗木进行定干时，应该选择角度好的枝、芽作为骨干枝来培养。

②采用撑枝、拿枝、拉枝、坠枝、别枝等方法，人工开张主枝角度。

③留外芽或侧芽进行短截，可以稍微加大主枝的角度或者沿着原主枝的方向延伸。短枝型品种适用于留外芽短截，这是因为短枝型品种的成枝力弱，扩冠的年限短，所以，特别适宜外芽短截。此外，此种方法还能用于开张稀植的乔化砧木苹果树的主枝角度。

3. 修剪技术　修剪时，要根据树形的特点，根据适当的、合理的整形要求，修剪所需要的树形。如果树高和冠幅没有达到要求，应该继续将骨干枝的延长枝进行短截，将树冠扩大；将竞争枝、徒长枝、过密枝和背上直立枝疏除；剩下的枝全部缓放，并且要结合拿枝、扭梢、拉枝等措施，促使其成花结果；对于已经结果的辅养枝，应当根据空间的大小，来扩大培养或者进行回缩控制。

（二）初果期树的整形修剪

初果期主要是将无用枝、徒长枝和纤细枝疏除，来培养以中、小结果枝组为主的健壮结果枝组，调节果树的结果量，实现合理负载。除了冬季修剪外，还应当通过刻芽、拉枝、环剥等措施，加强夏季修剪。

1. 生长特点　初果期树的生长特点是树势健壮，新梢的生长比较旺盛，枝条的年生长量仍然较大，枝叶的数量迅速增加，而且树冠和根系的生长速度加快，接近于或达到预计最大的营养面积，树冠的骨架基本形成。这个时期叶果的比例大，产量开始逐年上升。

2. 修剪任务　这个时期修剪的主要任务是：首先是继续培养各级的骨干枝，将树冠迅速扩大，尽快将整形工作完成，把结果枝组培养好，促进果树的早产、高产、稳产；其次是打开光路，调整树冠内的光照通风问题；最后是调整结果枝组的密度，培养好结果枝组，结果部位的过渡和转移一定要做好，将结果的部位逐渐移到骨干枝和其他的永久性枝上。这个时期的树势刚开始稳定，产量也在增加，因此修剪应该稳妥，修剪量要合理适度，如果修剪过重，会导致树势过旺，使产量下降；若修剪过轻，会导致树冠郁闭，使树冠内腔的通风透光受到影响，不利于果树的生长。

（1）解决光照的方法

①侧光。将外围的发育枝减少，处理层间的辅养枝，以增加树体的侧光。树冠外围和第二层以上的枝条，将主枝延长枝留30～40厘米短截，其他的枝条则有空间的长放，没有空间的就进行疏除。若辅养枝没有影响光照、扰乱树形，则应尽量地保留；若辅养枝影响了骨干枝的生长，应该将上面的强旺枝条疏除，从而使其单轴延伸或轻回缩，让其长势得到有效的控制；如果通过疏枝和回缩仍不能解决光照问题，就要将辅养枝从基部疏除。疏除辅养枝时，不能一次疏除太多，尤其是较大的辅养枝，应当逐年分期、分批疏除，

一般一年疏除 1~2 个为宜。

②上光。对中心干的延长枝长放不剪，或通过拉枝使其开张角度呈 70°~80°，等到果树结果后落头开心，能使树冠上部的透光量增加。

③下光。将部分密挤的裙枝疏除，使树冠下部光照更加通透。

（2）结果枝组的培养 结果的基本单位是枝组。结果初期树的果枝主要着生在辅养枝上，随着树冠的扩大和树龄的增长，结果枝逐步向各级骨干枝的枝组上转移。因此，在整形修剪中，前期应当重点利用辅养枝，与此同时，还应该通过放、缩、截等方法，在骨干枝上培养结果枝组，促进果树的高产、稳产。

①小型结果枝组的培养。由中、短枝和细小枝缓放后单轴延伸形成短果枝，在其结果后通过缩剪分生短枝而形成的即为小型结果枝组；或者由果台上萌发的短枝，通过再次修剪成为小型结果枝组。此外，对于那些细长的中庸枝，可以通过短截来培养结果枝组，即对背上的直立旺枝，可留 3~5 个芽剪截，促使其抽生生长势较缓和的枝条，再将中心强枝疏除，留下下部的平斜枝，对留下的分枝通过轻截或缓放，促使其形成结果枝组。

②中型结果枝组的培养。强壮的小型结果枝组短截后促发分枝可形成中型结果枝组，大型结果枝组或衰弱枝条通过重剪回缩改造也可以形成中型结果枝。通常情况下，将健壮的营养枝在中间饱满芽处进行短截后，先端会发生营养枝，下部则形成短枝，来年再对先端的营养枝进行短截以促发分枝，就可培养成中型结果枝组。此外，还可以将生长势中等的斜生枝进行长放，等到促发形成短枝成花后，留 3~5 个短果枝进行回缩，再利用果台副梢或下部枝培养形

成结果枝组。

③大型结果枝组的培养。要培养大型结果枝组，可以对中型结果枝组上的发育枝通过短截促发分枝，扩大后即可形成；或者通过回缩大型辅养枝改造成为大型结果枝组。此外，连续短截旺盛的一年生营养枝，促进其抽生分枝，也可以形成大型结果枝组。

④冬夏季修剪相结合培养结果枝组。进行冬季修剪时，将健壮的营养枝短截，促使其前部继续抽生营养枝，后部则形成中短枝；夏季修剪时，对前部营养枝进行摘心，以促使其抽生各类副梢，以便形成一个中型结果枝组。或者冬季进行短截，到了夏季再对生长的枝条进行极重短截，促发短枝，以形成中、小型结果枝组。或者利用冬季极重短截，在促发长枝后，夏季再进行重短截形成小型结果枝组。或者在5月下旬对新梢留叶6~8片进行摘心，以后每长到15厘米以上进行一次摘心，连续进行摘心2~3次后，在当年就可形成结果枝组。总之，用冬季修剪和夏剪修剪相结合的措施，能够提前1~2年培养成理想的结果枝组。

⑤结果枝组的配置。树冠上部的枝组数量要少，并且主要是小型结果枝组；树冠下部枝组数量要多，并且以大、中型的结果枝组为主；而树冠的中部以中型结果枝组为主。外围的枝组要稀少，并且主要是小型结果枝组；中部主要以中型的结果枝组为主；内膛的枝组应密，并且主要是大、中型结果枝组。主枝上的结果枝组的配置要遵循里大外小、中间中等大小的原则。背上枝组主要是斜生或平生，避免背上的枝组生长太旺，将骨干枝的生长势削弱。与此同时，还要防止层间的叶幕距离过小，对树冠内部和下部受光造成影响。

总之，对枝组配置的总体要求是：既要保证通风透光良好，又要增加有效的枝叶量；既要保证其营养生长，又要对结果有利；保证各个枝条之间互不遮光，结构紧凑，最大限度地利用树体的有效空间，以形成比较合理的结果面积。

3. 修剪技术

（1）骨干枝的修剪　对于各级骨干枝的延长头应做到缓放不剪，使树势得到缓和，以促发短枝，有利于形成花芽；主枝、侧枝要保持一定的角度向前延伸，如果角度过小，可以用撑、拉、坠、压等方法对其进行拉枝开角；骨干枝间的从属关系和平衡关系要保持良好。

（2）辅养枝的修剪　如果骨干枝的生长和通风透光的条件不受影响，应该多留辅养枝，对其采取轻剪、缓放、拿枝、开角等措施来促其成花；对于那些已经结果，并且连年缓放、生长衰弱或者体积过大、影响骨干枝的生长和通风透光的辅养枝，应及时将其疏除或者进行回缩，以改造成体积合适的结果枝组。

（3）徒长枝和竞争枝的修剪　将徒长枝和竞争枝及时疏除；若骨干枝的延长枝变弱、方向不正、感病或者受伤，可以用好的竞争枝来代替原头；对于周围空间较大的徒长枝可以进行极重的短截，以培养结果枝组。

（4）结果枝组的修剪　若培养大、中、小型结果枝组，应根据空间位置的大小，采取先短截后缓放或者先缓放再回缩的方法；对于那些已有的结果枝组，应根据长势进行修剪，即将强旺枝组中的强枝去掉，轻剪长放，弱枝弱芽带头；对于衰弱枝组，将弱枝去掉，留下强枝，回缩变短，强枝壮芽带头。

（5）落头开心　整形任务完成后，应注意抑制树冠高度，对于超高树要及时落头开心。而上强的树，冬季修剪时要将旺枝疏除，第二年春季萌芽前，在预定落头的部位，将中干上部揉拿拉平，插到空间里，萌芽后及时将背上的萌蘖抹除，夏季进行环割或者环剥以促其成花结果，用果实压顶来控制树高，等到上部缓和后再将其除掉。

（三）盛果期树的整形修剪

对盛果期的强旺树、弱树和中庸的健壮树进行修剪时，要分别采取控、促和保的措施，以促进树体的稳定、健壮。枝条的分布应遵循外稀里密、上稀下密的原则。行间的冠距应保持在 1 米以上，行内可略有交叉。结果枝、营养枝和预备枝应该配套，并且要进行轮流转换。将结果部位调整好，控制好结果量，以防止出现大小年结果现象。

1. 生长特点　当果树进入盛果期后，树势得到缓和，树冠的骨架基本比较牢固，树姿逐渐开张，发育枝和中、长果枝逐年减少，短果枝的数量增多，结果量也相应地增加。这个时期的整形工作已经结束，而且果实的产量高，枝量大，将大量营养物质消耗掉，光照条件也变差。树冠的内膛开始生发少量的更新枝条，这便是向心更新的开始。

后期的果树长势会随着结果量的增加而减弱，内膛的小枝不断枯衰，很容易造成树冠郁闭、通风透光条件不良以及出现大小年结果的现象。

2. 修剪任务　果树盛果期的主要修剪任务是：维持健壮树势，

将生长与结果的关系调节好，改善树体的通风透光条件；控制好枝组培养和更新复壮，促发营养枝，以调控好花果的数量，复壮结果枝组，及时进行疏弱留壮，抑前促后，以保持枝组的健壮，促进果树的高产、稳产；见长即进行短截或回缩，提高坐果率并且增大果个，争取优质、高产、稳产，将盛果期的年限延长。

（1）平衡树势　将果园骨干枝的覆盖率控制在75%左右，在密植果园的行间至少要保留0.8米的作业道。修剪时对外围树枝不再进行短截，为了避免外围疏枝过多，应采取拉枝、拿枝的方法处理枝头，既要保持其优势，又不能使其生长过旺。

①中心干的修剪。盛果期应控制树冠的纵向生长，使树体不超过所要求的高度，以改善上层的通风透光条件。具体措施是对原中心干枝轻剪缓放，使其多结果；或将竞争枝疏除，以削弱其生长势；或者把竞争枝扭弯下垂，促进其结果，以后逐年回缩，最后从基部将其疏除。

②主枝的修剪。这一时期对主枝进行修剪主要是处理延长枝。将强旺树的主枝先端的直立旺枝和竞争枝疏除，以减少外围的枝量；戴帽（在春秋梢交界处或者对1~2年生枝交界处进行剪截）修剪延长枝，使树势得到缓和，促进树冠内膛枝条的生长，使光照条件得到改善。有的主枝生长势较弱，可以抬高枝头，将主枝先端的花量减少，使生长势得到恢复，此时中心干要落头，避免出现上强现象，即所谓的抑上促下。对树冠交接的树，可以用先端的侧枝代替原头加以调整，或者采用放、缩结合的办法，避免因回缩造成枝条旺长。下层主枝的生长势要进行控制，第二层以上的主枝容易旺长，导致出现上强的现象，如此会影响下层的光照，因此，这个时期要注意

控制其发展，防止出现上强现象。

（2）调整辅养枝，保持树冠通风透光　果树在进入盛果期后，其骨干枝上的枝量会渐渐增加，在结果的部位上，由辅养枝为主变为骨干枝为主。因此，在这一时期，当辅养枝影响了骨干枝的生长时，应采取回缩、疏除的措施逐渐将辅养枝压缩和去除，这样有利于树冠的通风透光。

（3）结果枝组的修剪　苹果树的产量和果实品质与盛果期树结果枝组修剪得是否合理密切相关。这一时期对结果枝组的修剪主要是细致修剪，结果枝组的生长势不同，对其采用的修剪方法也不同，不过各修剪方法的最终目的都是将衰弱的结果枝组或者强旺的结果枝组向中庸健壮状态的结果枝组转化，以促进果树的高产、稳产。

①强旺结果枝组的修剪。这类结果枝组旺枝所占的比例大，也有很多直立徒长枝，中、短果枝和花芽都比较少，比较难成花。修剪时要注意调整好其过旺的生长势，以促发形成中、短枝和果枝。对于在强旺枝组内着生的一些直立旺条，应该将过密的疏除掉，剩下的留橛重短截或将其压平，促生中、短枝，翌年从中选留生长势比较弱的进行缓放；有些枝组生长势较旺但是比较松散，可在其春秋梢盲节处进行短截，以促发短枝。枝组内有些中庸斜生的枝条要进行缓放，以促发短枝；对枝组内的中、长果枝进行缓放，使其结果，以果来控制生长势；枝组有些串花枝的果枝，在其结果后回缩；及时回缩更新那些生长势较弱的结果枝。

②中庸结果枝组的修剪。对于中庸结果枝组，应看花修剪，抑顶促萌，以中枝带头，使枝组的顶端优势受到抑制，促使枝条下部的芽萌发抽枝。将枝组上部的直立旺枝疏除，并且对下部水平、斜

生的枝条进行缓放；或者将直立旺枝留橛重短截，当新梢萌发后，通过摘心来促发短枝。

③衰弱结果枝组的修剪。这类结果枝组的旺枝少，短枝多，有大量的花芽，生长势比较弱。对那些极度衰弱的结果枝组留壮枝、壮芽进行回缩，等到来年抽生新梢后，选择较强的枝条进行短截，以促发分枝；将过多的花芽疏除，以减少结果量，使其转化为中庸结果枝组；将没有复壮能力的结果枝组和衰弱结果枝组中的弱枝及时疏除，以集中营养来促发新的营养枝，与此同时，将其上的中、长果枝短截；细致修剪鸡爪状枝组，留下壮芽缩剪，以促发新枝。

④长鞭杆形结果枝组的修剪。此类枝组的修剪方式主要是对中壮枝连续长放，使中上部结果压成弓形下垂，在弓背上发枝，并对其缓放。

对于中庸鞭杆枝，如果上部有较多的刚形成的花芽，为促进坐果，可将中、长果枝疏除，留短果枝结果；将多年的中壮长鞭杆枝组进行缓放，如果前后都有花芽，则留前部结果，使中后部枝条得到生长，之后再进行短截以培养成结果枝组；有的鞭杆枝组又长又弱，对此可以逐步回缩成中、小型结果枝组。

⑤大小年树结果枝组的修剪。对小年树的结果枝组，应进行轻回缩或者不回缩，中、长果枝不要打头，以充分保证结果的花量；同时适当将一年生营养枝进行剪截，促发新枝，使第二年的花量减少。及时回缩大年树的结果枝组，更新复壮，将过密枝疏除，多短截中、长果枝，使当年花量减少，对营养枝要缓放促花。

（4）精细修剪，克服大小年现象 对盛果期树进行修剪要将各部位的枝梢处理好，将那些生长比较细弱、连年不能成花的无效枝剪除，适当压缩或疏除交叉、重叠、并生枝，使结果枝靠近骨干枝。在花芽多的年份要多疏除花芽，将一些有顶芽的中、短枝保留，促使其当年成花，避免开花过多将营养消耗掉，防止出现大小年的现象。

3. 修剪技术

（1）维持良好的树体结构　按照既定树形的结构要求，衡量树体的骨架是否合理，果断疏除因整形修剪不当而生成的多余的主、侧枝及失控的超大型辅养枝，使树体结构修剪得比较合理。如果疏枝量比较大，应逐年分批进行。根据长势和树冠体积对各级骨干枝延长枝进行剪留，对于长势强、体积大的可以采取缓放不剪的措施；对于长势弱或者需要扩大的，适当地短截。对于长势过旺的主枝，应该开张角度，多留花果，多疏旺枝，将长势削弱；对于那些结果过多而下垂变弱的主枝，应进行回缩换头，将梢角抬高，使花果量减少，以恢复长势。

（2）改善冠内通风透光条件　果树进入盛果期后，由于枝叶量大，容易造成树冠郁闭，使光照条件恶化，导致下部主枝变弱，而上部强旺，内膛的小枝干枯，结果部位外移等倾向。因此，为创造良好的通风透光条件，应该采取疏密透光、疏外养内的措施。

具体的修剪方法有：

①在幼树至初果期层间留就的辅养枝，除回缩改造成枝组外，疏除过密的辅养枝。

②及时将过长的下垂枝组进行回缩，将背上多年生直立枝组进行压缩控制，层间距和叶幕层厚度要合理。

③应遵循"疏大留小，疏老留幼"的原则，将过密的枝条疏除，

保持树冠上稀下密，外稀内密，通风透光条件良好，促进整个树体上下、内外都能结果且高产、稳产。

（3）培养更新结果枝组　应根据不同情况对结果枝组采取相应的合理的修剪措施，促进树体的健壮生长以及高产、稳产。有些强旺枝组的营养枝多且生长较旺，长枝较多，而中、短枝少，不容易形成花芽，导致结果不良。对于这类枝组应该将旺长枝和密生枝疏除，剩下的枝条全部缓放。夏季应加强拐枝，减缓长势，促成花芽。中壮枝组营养枝的长势中庸健壮，而且长、中、短枝的比例适当，对形成花芽十分有利，而且结果稳定。对于这一类型的枝组应通过修剪将花芽和叶芽比例调整为大约 1∶3。弱枝组的中、短枝较多，长枝较少，花芽较多，但是坐果率低。对这类枝组应该将大量花芽除去，以减轻负担，遵循去远留近、去老留新、去密留稀、去斜留直、去下留上的修剪原则，以恢复枝组的长势。

对于骨干枝背上萌生的枝条，不要随便疏除，应该根据空间的大小进行小缓放或者短截来培育新枝组，将衰弱的老枝组替换掉，保证树老枝幼，有利于长期稳定结果。

（四）衰老期树的整形修剪

1. 生长特点　这一时期的树势比较衰弱，很多骨干枝都开始衰亡，小型结果枝组已经明显减少，苹果的个头小，而且产量显著降低，品质下降。新梢的生长量小，骨干枝延长枝生长比较缓慢，树冠的体积也缩小了，内膛枝组容易干枯至死，结果部位已经明显外移，落花落果的现象比较严重；主干和根颈部发生萌蘖，在主枝的基部会抽生大量的徒长枝；对修剪的反应比较迟钝，伤口比较难愈合。

2. 修剪任务 这一时期主要的修剪任务是：在加强肥水管理的前提下，对骨干枝和结果枝组进行更新，从而恢复树势，将结果年限延长。

（1）轻度更新 当骨干枝的先端开始枯死时，要进行轻度更新。具体措施是：将已枯死或者将要枯死的部分疏除，选择无论是方向还是位置都比较适中的大侧枝或徒长枝代替，使枝条的角度增大。或者可以采用回老枝、放新枝的措施，逐年将老枝缩回去，放出新培养的枝条。选用该方法应恰当地处理好"回"和"放"的关系，否则，回轻了新头会出不来，回重了则会影响产量，无法达到更新的目的。衰老树通常会回缩到 2~3 年生枝或 3~4 年生枝上。如果回缩过重，容易破坏地上部和地下部的关系，对树势造成不利的影响。

在树体的结构上，应该尽量减少层次，把上层的主枝逐渐去掉，将树高降低；对于主枝上的侧枝选择少留或者不留，根据树体的生长势，将侧枝逐步回缩，从而改造成各类枝组。

对徒长枝占据的空间要充分利用，如果主枝、侧枝严重衰老或者已经枯死，可对缺枝处萌发的徒长枝进行培养，以向原主、侧枝方向转化。对那些需要培养成骨干枝的徒长枝进行中短截，并且在很长的一段时间里以强枝带头。

（2）重度更新 如果树体有一半枯死甚至全部大侧枝枯死，一部分主枝枯死，徒长枝大量抽生，且失去结果能力，则轻度更新已经无法使树势复壮，采取重度更新是最好的方式。主要措施是：将主枝的 1/2~2/3 剪去，以刺激潜伏芽抽生出徒长枝，然后再从中选留出一部分方向和位置适宜的进行适当短截，以促发分枝，加强培养。这些徒长枝因为输导组织通直，离根系近，有很强的输导能力，因此，经过 3~4 年就能形成一个新的树冠，并且能够正常结果。

这一时期不但要对骨干枝进行更新，还要对结果枝组进行更新。更新时必须对结果枝和营养枝的比例进行严格限制，通常以 1∶3~1∶4 比较合适。当树冠更新后，一般会长出很多徒长枝，可从中选择一部分将其培养成结果枝组。此外，衰老树伤口比较难愈合，因此应注意保护。对于衰老期苹果树的修剪，应该加强土肥水的管理，并且严格地进行疏花疏果，以控制其负载量，还要对其进行细致修剪，更新复壮，以延长结果年限。

3. 修剪技术　衰老期树的树势非常衰弱，当主、侧枝的延长枝很短，甚至不能抽生枝条时，应该及时进行回缩换头，使枝头的角度抬高，以恢复其长势。将过多的短果枝疏除，长果枝多短截，以促发新梢健壮。对新生的营养枝要在饱满芽处进行短截，以增强生长势。要充分利用后部的潜伏芽萌发抽生的徒长枝，将其培养成新的结果枝组。对于树冠不完整的衰老树，应该利用强壮的徒长枝，重新培养骨干枝，以形成新的树冠。衰老树的愈伤能力比较弱，应防止造成大伤口，一般情况下不要疏大枝。若果树的骨干枝严重残缺，失去了更新的价值，应当及时刨除，使果园得到更新。

第二节 梨树的整形修剪

一、生长结果习性

（一）芽及其类型

1. 叶芽　叶芽分为顶芽和侧芽，是根据其在枝条上的着生位置来划分的，通常顶芽比较大而且圆，侧芽则较小而尖。不管是顶芽还是侧芽，只要是在当年形成的叶芽，到了第二年绝大部分都能萌发，只有基部几节上的芽不能萌发而成为隐芽，这类芽有利于以后树冠的更新。梨树的叶芽有很强的萌芽力，但是其成枝力较弱，因此只有少数芽可以长成长枝，大部分形成短枝。不同的梨树品种，其萌芽力和成枝力也有所不同。梨的隐芽有很强的潜伏能力，而且寿命长，一旦受到刺激，就容易萌发形成徒长枝，十分有利于树冠的更新复壮。叶芽形成后通常当年不萌发，到第二年才能萌发。

2. 花芽　梨树的花芽属于混合花芽，不但能开花结果而且能抽生枝叶，决定梨树高产、稳产、优质的关键就是花芽的数量和质量。根据花芽着生的位置可将花芽分为顶花芽和腋花芽。梨树结果的花芽主要是顶花芽，顶花芽主要着生在枝条顶端，而腋花芽着生在枝条叶腋间，不同的品种其结果能力也不一样。花芽在萌发后抽生枝条，于枝条的顶端着生花序，然后开花结果。

一般在枝条生长趋于缓和时，梨树的花芽开始分化，短枝分化较早，而中、长枝则较迟。花芽的形成要有良好的栽培管理水平和适宜的外界条件才行。

(二) 枝及其类型

1. 营养枝 营养枝即不开花结果的枝。根据枝龄的不同，可将营养枝分为新梢、一年生枝、二年生枝和多年生枝四种。新梢即为春季叶芽萌发的新枝，在落叶前称为新梢；一年生枝即在新梢落叶后至第二年萌芽前的枝；二年生枝即一年生枝萌芽后到下一年萌芽前的枝；多年生枝就是三年生及以上的枝。

一年生枝按照长度可分为四种，即叶丛枝、短枝、中枝和长枝。叶丛枝的长度低于 1 厘米；短枝的长度在 1~5 厘米，短枝的节间很短，只有一个充实的顶芽，生长季的叶片呈莲座状，叶腋内没有侧芽或者侧芽的芽体很小；中枝的长度在 5~15 厘米，顶芽比较充实，除了在基部 3~5 节叶腋间没有侧芽而形成盲节外，以上的各个叶腋间都有充实的侧芽；长枝的长度在 15 厘米以上，在长枝的顶端也有顶芽，但不如短枝和中枝的充实程度高。

2. 结果枝 能开花结果的枝即为结果枝。按长度可将结果枝分为短果枝、中果枝和长果枝。短果枝的长度在 5 厘米以下；中果枝的长度在 5~15 厘米；长果枝的长度在 15 厘米以上。梨树的结果枝结果后，在果柄的着生处膨大的部分叫果台，果台上抽生的 1~2 个枝条叫果台副梢或果台枝。等到短果枝结果后，果台连续分生较短的果台枝，3 年后多个短果枝又会聚生成枝群，叫作短果枝群（图4-11），很多梨树品种主要是以短果枝群结果。短果枝群分为两种，即单轴短果枝群和鸡爪状枝。单轴短果枝群是在果台上常抽生一个果台枝，由于连续结果而形成；而鸡爪状枝是在果台上左右两侧抽生两个果台枝，由于连续结果而形成。

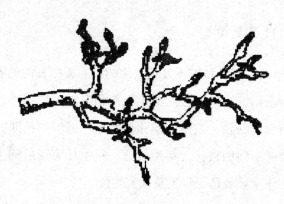

图 4-11 梨树短果枝群

3. **枝条生长特性** 新梢在萌芽后 7~10 天开始加长生长，但是生长得比较缓慢，这一时期新梢的生长主要依赖于树体内贮藏的营养。叶片光合能力会随着叶片的增大和外界温度的升高、光照的增强而增强，新梢的生长开始利用当年叶片制造的营养，其节间延长比较快，使新梢进入了旺盛生长期。此后，新梢开始逐渐停止加长生长。除幼树、旺树、旺枝或者因病虫害、旱、涝等引起的落叶，以及热带气候条件等特殊原因外，梨树的新梢很少发生二次生长，通常情况下一年只有一次生长。

（三）生长结果习性

1. 树体高大，树势健壮，寿命较长　梨树的树体高大，树势比较健壮，生长较慢，寿命较长。像秋子梨和白梨系统中的大多数品种，其生长速度在幼树期要比苹果缓慢，所以，同样的环境条件下，幼龄梨树的树冠往往比苹果树的小；其寿命较长，因此，后期的树体高大。梨树在幼龄时期修剪要比苹果树轻，不然，树体的生长慢，结果较晚，会使盛果期延迟。同时，在对梨树整形修剪时，要比苹果树有更长远的考虑，主要表现在：不但要培养好树体骨干，还要注意树冠的扩大；既要促进其早结果、早产、高产、稳产、优质，又要防止其结果部位过快外移，导致主、侧枝后部光秃，对果实的产量和品质造成影响。

2. 萌芽率高，成枝力弱　大部分的梨树品种都有很高的萌芽率，但是其成枝力较弱，枝条除了先端有 1~3 个芽萌发为新梢和基部盲节不萌发外，其余的芽大都萌发为短枝。当然，梨树的品种不同，其成枝力也有所差别。一般成枝力较强的品种当属秋子梨系统的品种，沙梨系统的品种则成枝力较弱。这种特性决定了梨树的中、长枝较少，给主、侧枝的选配带来了困难，因此，在修剪时应该尽量保留枝条不疏除，并且采用多种措施来改造利用枝条。

3. 幼树的顶端优势明显，干性强，盛果期后骨干枝容易开张　梨树的幼树和初果期树，枝条较直立，且树冠不开张，特别容易出现上强下弱的现象。当进入盛果期后，主枝的角度开始变大，而且又容易下垂，因此有一种说法叫作："幼树锯口在上，老树锯口在下。"意思是在整形修剪时，幼树应该注意开张骨干枝角度，老树则要注意抬高骨干枝角度。与此同时，还要注意控制顶端的优势，尤其是幼树。梨树进入盛果期后，应及时对其进行更新修剪，来维持和复壮内膛枝的生长结果能力。

4. 顶芽、侧芽发育良好 梨树的新梢一年只有一次生长，而且其生长期主要集中在春季，很少会发生秋梢，因此，新梢的生长停止较早，而且顶芽、侧芽发育良好。梨树的短枝多，而且发育健壮，叶片较大，芽比较饱满，这是梨树结果早的生物学基础。

5. 结果年龄受到众多因素影响 梨树开始结果的年龄受多种因素的影响，如品种、气候、土壤条件以及栽培管理水平等。大部分的品种生长 3~4 年后开始结果，有的品种两年即开始结果，特别是沙梨系统和白梨系统结果较早。同一个品种，如果营养条件良好，则可以提前结果，反之，结果年龄会推迟 2~5 年。

6. 以短果枝结果为主，且连续结果能力强 梨树枝条的长短枝分化比较明显，转化力较弱，枝组类型有较大的差异。通常初果期树结果的是中、长果枝，到盛果期主要是短果枝结果，老年树主要是短果枝群结果，进行修剪时，应该注意更新复壮。

有的梨树品种在年周期中会出现多次开花、多次结果现象，这种现象称作"头水花""二水花""三水花"，结的果实会越来越小。这种现象与品种特性有关，也受秋季干旱、病虫害因素影响，是一种不正常的现象。

7. 成花易，坐果率高 梨树比较容易形成花芽，而且花量大，坐果率较高，落花落果较轻，因此，产量也高，进行修剪时应适当地控制花量。梨树大多是异花授粉，有花粉直感现象，其自花结实率较低，因此，在生产上应该为其配置充足的优良授粉树。

二、主要树形

(一) 主干疏层形

主干疏层形的干高大约为80厘米，树体的总高度为4~4.5米，树冠的直径为4~5米。全树有6~8个主枝，分布有3~4层。第一层有主枝3~4个，每个主枝配备2~3个侧枝；第二层有2个主枝，配备有2个侧枝；三、四层各有1个主枝，不配备侧枝。第一、二层之间的层间距为60~80厘米，第二、三层之间的层间距为40~50厘米，自此以上大约为40厘米；层内距约为20厘米。

(二) 小冠疏层形

梨树的小冠疏层形类似于苹果的小冠疏层形，干高为50~60厘米，树高为3~3.5米。全树有主枝5~6个，分布有2~3层。第一层有3个主枝，每个主枝配2个侧枝，层内距为20厘米，方位角为120°，主枝的开张角度为70°~80°。第二层有1~2个主枝，第三层有1个主枝，其开张的角度60°~70°。第二、三层之间的层间距为40~50厘米，二层以上的主枝不留侧枝，主枝则直接着生结果枝组，应在层间适当地安排辅养枝和结果枝组。

(三) 开心疏层形

开心疏层形的树高为4~5米，冠径大约为5米，干高40~50厘米。树干以上分成三个主枝,而且这三个主枝势力均衡、与中心干延伸线呈30°角斜伸,因此,也叫三挺身树形。三个主枝的基角为30°~35°,在每个主枝上,应从基部起培养1个背后或者背斜侧枝,当作第一层侧枝,每个主枝上一般有6~7个侧枝,共4~5层,而且分层排列,在侧枝上着生结果枝组,排列比较错落,但是在里侧仅能留中、小型结果枝组(图4-12)。

开心疏层形的骨架牢固,通风透光条件好,比较适合密植,容易丰产,生长旺盛、直立、主枝不开张的品种多用此树形。但其缺点是幼树的整形期修剪较重,结果较晚,对早期的丰产不利。

(四)双层延迟开心形

双层延迟开心形的树干高为60~80厘米,全树共5~6个主枝,分两层,第一层有3~4个主枝,第二层有2个主枝,层间距大约1米。树体总高为3.5米左右,冠幅为4~4.5米。第一层主枝的开张角度较大,大约为70°;第二层主枝的开张角度稍微小一点,约为50°。两层主枝的间距大约为100厘米,主枝上应适当地配置结果枝组。当进入盛果期后,将第二层主枝以上的中心干逐步缩剪,让其渐渐变成双层延迟开心形(图4-13)。该树形整形容易,能很快成形,通风透光好,结果早,而且产量高,果实的品质好,适用于喜光性强的品种。

(五)纺锤形

纺锤形的干高约为60厘米,中心干较直立,且在中心干上有10多个大主枝错落分布,主枝的间距约为20厘米,枝轴要低于中心干的 1/2，开角为 80°～90°，树高低于 3 米，冠径为 2～2.5 米，树形紧凑，与苹果的纺锤形相似（图 4-14）。纺锤形整形容易，比较适合密植园种植，有利于梨树的高产、稳产。

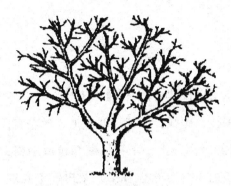
图4-12　开心疏层形

图4-13　双层开心形

图 4-14　纺锤形

（六）篱臂形

篱臂形的树高大约有 3 米，树干高大约为 50 厘米，全树有 6～8 个主枝，分布有 3～4 层，每层有 2 个，对生。层间距大约为 100 厘米，层间可以适当配置辅养枝。主枝的延伸方向与行向相一致，开张角度为50°~60°。

篱臂形通风透光性好,丰产性强而且果品的质量也好。但是其对整形的要求比较严格,需要支架材料,建园的投资比较大。比较适合密植梨园。

(七) 棚架式树形

棚架式树形按照10米×10米的间距顺行平行设立支柱,其上依支柱平行纵横交错拉紧围绳、围线、副线,棚架高度为1.8米左右,棚面用副线以70厘米×80厘米的距离一上一下穿梭编织拉成网格,四周用支撑柱、拉锚等将棚面支柱固定牢。全棚架式梨树定干高度为80厘米,主枝3~4个,主枝基角40°~50°。全树有6个侧枝,12个副侧枝。枝条在棚架上的相互距离为20厘米(图4-15)。

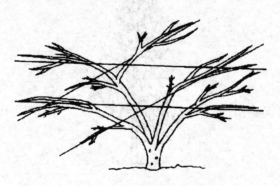

图4-15 棚架式树形

(八) "V"字形

"V"字形没有中心干,树干高为50~60厘米,两个主枝主要呈"V"字形延伸生长,其夹角为80°~90°。"V"字形的主枝上没有大

侧枝，在其上面直接培养小型侧枝和结果枝组。

该树形通风透光条件好，而且果实品质佳，比较适合宽行的密植梨园。

(九) 中冠改良扇形

中冠改良扇形的树干高大约 70 厘米，树高大约 3.5 米。全树主要有 6 个主枝，分成三层排列，每层有 2 个主枝，对生或者稍微有些距离。第一层与第二层主枝应顺行向或者斜行向延伸，不要垂直伸向行间。第三层有 2 个主枝，要求垂直伸向行间，不要将下层的主枝遮蔽。第一层和第二层的主枝间距大约为 1 米，第二层和第三层的间距大约为 60 厘米。每层的主枝上的侧枝要求上少下多，通常情况下上层有 1 个侧枝、中层有 2 个侧枝、下层有 3 个侧枝。在下部和层间，前期要多留辅养枝，促花结果；后期则逐渐减少或者将其疏除，使树冠的形状先圆后扁。

三、整形修剪

(一) 幼树期树的整形修剪

梨树在幼龄时期，生长旺盛而且枝条直立，顶端优势明显，主枝的角度不易开张，易出现中心干过强、主枝偏弱的现象。修剪的主要任务是培养骨架、合理整形、将树冠占领的空间迅速扩大，同时既要整形也要兼顾结果。

梨树幼树的整形修剪的重点是：控制中心干的生长，使其不要生长过旺，使树体的生长势得到平衡，使主枝的角度得到开张，扶持培养主枝和侧枝，使树体中的各类枝条得到充分利用，培养结果枝组，使其紧凑健壮，促进其早结果。

1. 幼树整形

（1）定干　梨树定干后，每年冬季进行修剪时要将骨干枝的延长枝截短，剪去1/5～1/4。有些品种的成枝力强，通常当年就能选出一层的3个主枝，而有些品种成枝力弱，则只能选出1～2个主枝，等来年补充选足。每年在萌芽前对中干的延长枝进行刻芽，促发长枝，有利于主枝的选留。在梨树整形初期要尽量多留主枝，在主枝上也要多留侧枝，为将来主枝的选择奠定基础。除了选用角度较大的枝条当作主枝，还可以配合生长季来拉枝开角。

根据树形的要求，在栽植后到春季萌芽前，要对新植的一年生苗进行定干，高度选择要适宜。有些品种的树冠大、主枝角度开张，则定干可高一些，而对树冠小、主枝的角度小的品种定干时可稍低一些。

定干时在剪口下应留饱满芽7个以上，因为饱满芽将来发出的枝条比较粗壮，适合留作主枝。梨树的成枝力比较弱，一般定干后发出的长枝较少，可以不进行抹芽。等到定干后要注意按所采用树形的方位进行留芽。一般在定干后，剪口下的第一芽和第二芽能发出较好的枝条，第三芽到第五芽的发枝力较差，大多会形成中、短枝，甚至会不萌发。为了促使第三芽到第五芽萌发而且能够发出好枝以便选择主枝，在萌芽前可以在芽上方刻芽或者在芽上涂抹抽枝宝、发芽素等，以促进其抽生长枝。由于鸭梨、早酥梨和日本梨品种的萌芽力比较弱，如不对芽进行上述处理，则会导致当年发出的枝条不能满足整形的要求。

（2）中心干的选留　为了防止中心干过强，对中心干延长枝进行剪留时，长度和主枝的延长枝不要相差太大，还可以利用生长势比较弱的竞争枝来代替原头，将原头拉斜，并且缓放，促使其上的短枝能够早成花结果。对于主、侧枝以外的枝条，应该尽量作为辅养枝保留，并根据空间的大小对其缓放或回缩，促使其转化成结果枝。

定干后将剪口下的第一芽发出的直立枝条当作中心干来培养，在冬季修剪时要进行短截，通常剪留的长度为50~60厘米，若枝条较弱，可以适当地再剪短些。但是在剪口下必须留一些饱满芽，促进发出壮枝和保持顶端优势。

若剪口下的第一枝生长过强，也可以将第二枝或者第三枝作为中心干。这些枝条的生长略有些弯曲，且生长势较缓和，对于平衡树势来说比较容易。若选择第二枝或者第三枝当作中心干，则应该在其生长季时将顶端的第一枝或者第二枝向发枝方向的对面拉至80°~90°，促进其转化成结果枝，能够以果压顶，促进生长势缓和。

（3）主枝的选留　梨树在定干后，有时发枝情况并不理想，定干后很难在当年选出比较满意的主枝。应该根据梨树的具体生长情况来选留主枝，一种方法是定干后进行刻芽或者涂抹抽枝宝、发芽素，促进其发出良好的枝条，将方位好、位置适当、角度较开张的3~4个枝作为第一层主枝；另一种方法是，若定干后当年发枝不理想，剪口下的第二枝属于竞争枝，这样的枝条角度小，进行开张角度时比较容易劈裂，不宜选为主枝，剪口下的第三枝是短枝，长度还不够，这个时候，可以将它的顶芽进行破顶，剪去1/3，促使长枝萌发。

（4）侧枝的选留　侧枝的主要作用是填补空间和着生结果枝组的枝干，但要弱于主枝。通常不选背上的斜侧枝、把门侧枝、对生侧枝，而应选择背侧枝。为了选出理想的侧枝，应该在短截主枝的延长枝时，将剪口下的第三芽留在要求发枝的方位。若侧枝的选择不够理想，可以选用角度较高的枝，然后再通过拉枝进行改造。

（5）辅养枝的利用　辅养枝能够辅助骨干枝加速生长，将树冠扩大和增加骨干枝的粗度，以充分占据空间，促进早结果，而且能够控制上强。对于辅养枝选留的数量、大小和年限，应遵循不影响骨干枝生长的原则。由于幼树期间的骨干枝比较短小，而且占有的范围也小，空间比较大，应该多留辅养枝。

选留辅养枝后，应该采取促花的措施，如使辅养枝的角度加大，通过夏季进行环割或环剥来促进花芽分化；或者用弯、别、压、拿等措施来改变枝条的方向，多形成短果枝；还可以进行连年缓放，将旺枝疏除，少短截，等到形成花芽且结果后再进行回缩。

2. 幼树修剪

（1）增加枝叶量　梨树的幼树枝条生长比较缓慢，可以利用不同的修剪方法来增加枝叶量，以满足幼树的生长需要。在主、侧枝上的各种枝条，如果不用作延长枝，通常不会将其疏除；如果空间小，则在缓放成花结果后，再将其缩成枝组；空间大的先进行短截来促生分枝，再进行缓放成花结果，以形成枝组；对于那些旺长的直立枝、徒长枝和直立的竞争枝通常也不疏除，可以在5月份枝比较软的时候进行拿枝，让其填充空间，经过改造后用于结果。增加枝叶量，既可以增加早期产量，又能够促进主枝和侧枝增粗。

（2）开张骨干枝角度 "丰产不半产，干角是关键"，这是梨树生产上总结出的一条经验。梨树的一个主要特性是角度小、极性强，而且由于其枝条角度小，极性强，这种特性会导致梨树生长过旺，只长树不结果。角度小则树冠抱合生长，树冠比较狭窄，枝条比较密挤，通风透光条件不好，很难形成花芽，对早结果产生不利影响。因此，整形修剪中的重要措施就是开张角度，特别是开张第一层三大枝的角度。

开张枝条角度有多种方法。第一种方法是在定植当年夏季新梢还没有完全硬化之前，通过拉枝来开张新梢角度（60°~70°）。对枝条的基角进行开张，既有利于选留侧枝，又能够提高枝条的负载能力。生长3~4年的梨树，主枝明显还没有长粗，拉开比较容易，在萌芽后枝干柔软的时候，用绳子将其一次拉开，经过1~2年后即可固定主枝的角度。要注意的是幼树新梢生长量大才能运用这种方法，每年对主枝的剪留长度要大于70~80厘米。梨树的枝干比较脆硬，一年中适合进行拉枝的时间短，5月份为最适宜的时期。一般品种的开张角度为60°~70°，但是软干品种如巴梨等，主枝的开张角度为45°~50°。

第二种方法是利用里芽外蹬法，即在冬季修剪时在主枝延长枝的剪口芽处要留里芽，将第二个向外的芽当作延长枝的芽，等到生长季时再对剪口下的第一芽进行扭梢或者拧梢处理，还可以在冬季修剪时将剪口下第一枝疏除。这种方法比较适合鸭梨等自然生长较开张的品种。

第三种方法是先轻剪缓放，再逐年对背后枝进行换头，并且最好在结果期进行换头，这样既有利于开张角度，又有利于结果。具体方法是：对于直立不开张的主枝先轻剪缓放，并注意选留背后枝，并年年短截培养，这样能够多保留枝条，有利于促进树体生长。等到进入初盛果期后，再将原直立的枝条进行缩剪，对背后枝进行换头。换头时要注意留辅养橛，避免一次性从基部疏除，造成主枝劈裂。

第四种方法是对枝干较软的品种如巴梨等，可以用果实负荷的方法，如利用腋花芽的梢头果压开主枝角度。等到盛果后期，枝干进行开张时，再通过不断选背上枝将角度抬高。

（3）控制中心干过强生长　由于梨树的极性强，很容易造成中心干过强，其粗度比基部三大主枝的粗度明显要大，而且向高处生长过快，造成树冠高、窄；第二层主枝和第三层主枝的枝叶量比较大，枝展与第一层主枝接近。为了使这一现象得到很好的控制，对于成枝力较强的梨树品种可以每年进行一次小换头或者每隔1~2年换一次头，使中心干弯曲向上生长；有些品种的成枝力差，能够把原头压倒，可另外培养新头。在第二层主枝以上的部位一般不留大辅养枝，而在其主枝以下部位多结果，使生长势得到缓和。

（4）培养稳定的结果枝组　梨树的大型结果枝组比较少，要培养大型的结果枝组，应该多利用长枝进行短截然后再缓放来改造辅养枝，尤其是主枝的下部应多培养大型结果枝组。梨树的短果枝群比较多，有的梨树品种主要靠短果枝群结果，为避免分枝过多，密挤老化，应该对短果枝群及时进行细致修剪。梨树的幼树和初结果的树应该多利用长枝缓放形成花芽结果。梨树的背上枝生长势较强，应多留两侧的结果枝组而不宜留大型结果枝组，以避免形成树上树。

（5）促花措施　如果对梨树的修剪过重，会导致梨树结果晚，特别是幼树只重整形，短截过多，会导致全树旺长，短枝很少。因此，进行修剪时应该注意以下几点：

首先要轻剪缓放。实践证明，若对鸭梨品种35～130厘米的长枝实行缓放，当年会有66%～70%的中、短枝形成花芽，有的花芽甚至还有腋花芽。对强旺枝进行缓放时要特别注意角度和位置，让其与主枝延长枝、竞争枝、平行枝等的生长互不产生影响，有些强旺枝能够影响整形，应该从基部将其疏除或者重回缩。对于雪花梨、巴梨品种应该缓放两年，中、短枝再进行分枝，经过两年才能成花，因此，不要急着回缩。

其次要拉枝促花。梨树的枝干较脆，拿枝没有拉枝的效果好，拉枝应该在轻剪缓放的基础上进行。通过拉枝能够增加枝量，使枝类的组成得以改变，中、短枝比例得到提高，增大叶的面积，将成花的比例提高。早酥梨、晚三吉梨、苹果梨的拉枝效果较好，而锦丰梨的效果较差。芽萌发后至初展叶时是拉枝的适宜时期。如果拉枝过早则由于枝条脆硬而容易折断，拉枝过晚则对已成形的短枝叶片起不到促进生长作用，有时还会刺激再萌发，对成花不利。

最后是环剥、环割。通常在新梢停止生长后、雨季到来前的5月下旬至6月上中旬进行环剥或者环割。鸭梨在进行第一次环剥时，其干周的粗度最好大于13厘米，环剥的宽度应为干周的1/15～1/10。比如说三至四生年的幼旺树，如果干周为15厘米，其环剥的宽度大约为1厘米。环割是在主干上用钢锯条以环状摁入一圈，可根据树势和结果量将其环割1～2圈，两圈的间隔应为5～10厘米。

（6）竞争枝的处理 梨树的幼树生长旺盛，将各级骨干枝的延长枝进行短截后，在剪口下发生的第二枝常和第一枝的生长强弱大体上差不多，与第一枝形成竞争。若对竞争枝进行重短截，以使顶端的高度降低，而对第一枝剪留得长，使顶端明显比竞争枝的剪留高度要高，这样以后由竞争枝发生的新梢，其生长就可能会相对减弱，而由延长枝发出的新梢的生长则可能相对增强。

但是如果修剪不当，就会造成主枝或者主枝的延长枝与竞争枝齐头并进，导致主从不明，因此，应该进行及早处理。处理的方法要具体问题具体分析，应当采取重回缩竞争枝，或将竞争枝疏除的方法，还可以在其生长季时进行拿枝，或者将原头压倒，用竞争枝当头等方法。

（二）初果期树的整形修剪

初果期的梨树，其整形任务还没有完成，应继续培养骨干枝，以完成整形任务；还要重点培养结果枝组，为大量结果奠定基础；充分利用辅养枝来促进梨树的高产、稳产。

在修剪措施上应该将骨干枝的延长枝继续进行短截，以培养骨干枝，尽快完成整形任务，并且将树冠扩大；对长、中、短枝要充分利用，以培养结果枝组；对于那些生长直立的旺枝，可以在生长季进行拉枝，等到成花结果后进行适当回缩。

梨树在经过3~4年的整形期后，就开始结果了，这个时候树体的骨架结构已经基本形成。当梨树进入初结果期后，其营养生长就逐渐缓和，而生殖生长逐渐增强，其结果能力也在逐渐提高。

这一时期梨树的主要修剪任务是：对于那些尚有发展空间的主

枝或者侧枝，应该进行轻剪长放，以促发分枝；通过"先放后缩"的措施来继续培养结果枝组，促使结果部位转化；充分利用辅养枝以促进梨树的优质、高产、稳产。

梨树修剪时首先应该对已经选定的骨干枝继续进行培养，对其生长势和角度进行调节。带头枝仍然要通过中短截向外延伸，中心干的延长枝不再进行中截，以延缓生长势，促进其结果，平衡树势。辅养枝的任务已从扩大枝叶量、辅养树体，变成了成花结果，以实现梨树的早产、丰产。这个时候梨树已经具备了转化结果的生理基础，只要生长势缓和就能够成花结果。因此，应该对辅养枝采取轻剪缓放、拉枝转换生长角度、环剥、环割等措施，使生长势得到缓和，以促进成花。

这一时期的重点是培养结果枝组，为梨树的高产、优产打好基础。如果长枝的周围空间较大时，可以先进行短截，以促生分枝，等到分枝后再继续进行短截，如果继续扩大，则培养成大型的结果枝组；如果周围的空间小，则可以连续进行缓放，以促生短枝，促进其成花结果，等到枝势转弱时再进行回缩，以培养成中、小型的结果枝组。通常中枝不短截，等到成花结果后再进行回缩定型。大、中、小型的结果枝组应进行合理搭配，分布要均匀，并且使整个树冠看起来圆满紧凑，达到枝枝见光，立体结果的效果。

（三）盛果期树的整形修剪

梨树进入盛果期后，树体的骨架已基本形成，树势也日趋稳定，已经具备了大量结果枝和稳产、优质的条件。

在修剪上应该注意维持中庸健壮的树势和良好的树体结构，对于幼树期多留的主、侧枝，应该逐渐回缩或者将其疏除，使树冠内的通风透光条件得到改善；骨干枝的延长枝应当剪留大约1/2，使树冠扩张的速度得到控制，使树势更加健壮；利用中、长枝来培养新的结果枝组。对于那些已经结果的枝组，应该进行回缩更新；对于短果枝群和中、小枝组要细致修剪，花芽留量要严格控制，避免出现大小年结果和树势衰弱的现象。

1. 生长特点 虽然说梨树在进入盛果期后，树体的结构基本稳定了，骨架也已经形成了，大量结果和稳产、优质的条件也具备了，但是由于枝条分枝的级次增多，造成其总生长量也在急剧增加，光照条件也开始变差，容易造成树冠郁闭，使内膛枝衰弱死亡，结果部位外移，导致生长与结果的矛盾突出。由于树势比较衰弱，短枝量也增加，容易因花芽过多、结果超量导致出现大小年现象，使果实质量有所下降。

2. 修剪任务 梨树在盛果期修剪的主要任务是：控制好树冠，使光照条件得到改善；稳定树势，精细修剪枝组。即维持好中庸健壮的树势和良好的树体结构，使通风光照条件得到改善，及时对结果枝组进行更新复壮，使生长与结果的矛盾得到调节，避免出现大小年结果的现象，将盛果年限延长。中庸树势的标准是：外围新梢的生长量为 30~50 厘米，短枝花芽量占总枝量的 30%~40%，中、短枝占 85%~90%，长枝占 10%~15%，而且叶片比较肥厚，芽体较饱满，枝组较健壮，布局科学合理。

（1）因势修剪 若维持的中庸健壮树势偏旺时，可以采取缓势修剪的措施，即多疏少截，只疏不堵。将直立的枝去掉留下平斜枝，使角度开张，以弱枝带头，要多留花果，以果实来压树势。若树势过强，冬季修剪后还不能调节时，可以晚剪或者进行二次修剪，采用夏剪的方法对强枝环剥、环割、绞缢，促使枝条多成花多结果，以果实控制树的生长势，尽快将树势减缓。如果树势偏弱，可以采用助势修剪法，即进行多截少放，重缩轻疏，去弱留强，将徒长枝进行保留改造，将枝条角度抬高，用壮枝、壮芽带头，加强回缩和短截，花果要少留，以集中营养，复壮树势。对于中庸树，应该采取保势修剪法，切忌忽轻忽重；各种修剪手法应该并用，以便及时更新复壮结果枝组，以维持树势的中庸健壮。即当年修剪掉的枝量与下年新生的枝量要控制在相等或者前者比后者稍微多一点的程度，对于大枝要不动或者少动，使树上与树下枝量与根量总体平衡，重点是要使每年枝组内部的花、果、枝的量各占 1/3。

（2）改善内膛光照 梨树在盛果期，树体的结构已经基本上形成，但是由于梨树的极性强而且顶端优势明显，很容易出现"上遮下，外包内，前抢后"争光夺养、内膛光照恶化等现象。若解决不及时，会导致下层内膛的小枝变弱，使梨树失去结果能力和更新能力，直至干枯死亡，出现内膛中空，外部旺盛，结果部位外移的现象，导致结果寿命缩短。根据以上现象，必须采取稳住"上头、外头和前头"的修剪措施，打开光路，改善光照条件，及时将中心干上部的大枝和强枝回缩或疏除，通过落头开心来抑制"上头"；将外围过密的旺枝疏除，有些主枝的延长枝是"抱头"生长的，可以通过拉枝、换头等方法来开张角度，使"外头"得到抑制；将主枝前部背上的多年生大枝组去掉，"树上树"也去掉，将前部光路打开。修剪后应该做到上下、内外和前后的光照均匀，达到枝枝见光，立体结果的效果。

（3）更新复壮　结果枝组结果的基本单位即为结果枝组，只有结果枝组稳了，才能做到树势稳、产量稳。结果枝组应采取的修剪方法是变化修剪法。梨树在盛果期，枝组比较容易出现长、大、弱、密或者组间、组内的生长势不均的现象。因此，应将长放过久、延伸过长、长势衰弱的大、中型结果枝组及时回缩至壮枝处。进行短截时应该以壮芽带头，以增强树的生长势，增强梨树的结果能力。如果梨树的大、中型结果枝组比较健壮，应将修剪重点放在小型结果枝组上，以保持树体结果稳定，平衡树势。修剪的总原则是要留壮枝、壮芽，以确保生长势良好，对果实品质的提高十分有利；对于短果枝群抽生的果台副梢，应该做到去弱留强，并且要遵循"逢三去一"的原则，即将中间枝疏除，防止造成交叉、重叠；有些结果枝组上下重叠，应该用上抬高、下压低的剪法，将枝组间的距离层次拉开；及时将结果过多、长势衰弱、无法形成良好花芽的枝条进行回缩，对于下垂枝要用上芽带头，进行回缩复壮。通常情况下，在每个短果枝群要留壮枝 4~6 个，采取截、缩、放并用的方法，并且截、缩、放各占1/3，保证每年都有当年结果、当年成花和下年结果的或者当年发条、下年成花、第三年结果的，这样交替结果，就能避免出现大小年现象。有些枝组是单轴延伸，可以采用"齐花剪"的方式，避免其过度伸长，使树的生长势更加健壮；如果果枝不能再形成花芽或者花芽质量不高，应该将其回缩至壮芽处；若果枝上已经没有壮芽可用，则将果枝从基部疏除，以促发新梢，然后再采取先放后缩的方法，来培养新的结果枝组。数量大、易成花、好管理是小型结果枝组的特点，但是小型结果枝组容易衰老。若对当年产量不产生影响，则可以对小型结果枝组修剪量适当加大一些。此外，培养小型结果枝组应该遵循"有空就留"的修剪原则，使树冠内膛充实，防止出现结果部位外移的现象。

3. 修剪技术

（1）适时控制树冠　控制树冠主要在于控制树冠的高度和宽度，以平衡稳定树的生长势，使冠内光照条件得到改善。

第一，如果树冠超过了该树形所规定的高度，应该对生长势已经缓和的中央领导干落头开心，在剪口下留下中庸的单轴细长枝当作新头，使树冠的光照条件得到改善和防止出现树势返旺的现象。

第二，当行间出现个别大枝搭接的现象时，应该有计划地将行间主侧枝、大分枝及大枝组进行疏除、回缩，使行间的通道保持 1 米左右，并将株间交叉、密生、重叠的大枝分年疏缩，使果园的群体光照得到改善。

第三，控制树冠的上强下弱，保持中心干的优势，当树冠的中上部旺枝较多而且角度小，出现多头领导、上大下小的现象时，应该将中上部强大分枝及时疏除，将有用的直立枝、大枝组拉平。此外，为保持中心干优势，可以采取对小主枝开张角度、增大结果量或者将主干上近地面分枝疏除等措施。

（2）调整处理大枝　首先，将树冠内整形期间留下的多余辅养枝和不适当的小主枝分期、分批疏除，疏除时要遵循去长留短、去粗留细、去大留小、去密留稀的原则。通常情况下从大年开始疏除，等到大枝较少时，可以进行一次性去除；如果大枝较多，可以分 3 年去除。

其次，可以根据树冠内小主枝的着生位置、发展阶段及长势，及时对分枝角度进行调整。在小主枝的延伸阶段，分枝角度应为

60°~70°；若在稳定阶段，应将生长中庸的分枝角度调整到80°~90°，而生长旺的则要调整到100°~120°。主侧枝开张角度自下而上应逐渐加大，如下部为80°左右，中部为90°左右，上部为100°~120°。这样可以起到稳定树势，防止上强下弱的作用。

（3）精细修剪枝组　枝组修剪的内容主要包括枝组的培养、修剪和配置。枝组的修剪是梨树盛果期修剪的主要任务，并且贯穿梨树生产的始终。

（四）衰老期树的整形修剪

梨树的衰老期表现是：生长势减弱，外围新梢的生长量很小；骨干枝的先端下垂、枯死，结果枝组开始衰老，失去了结果能力，产量大大降低。

对于衰老期的梨树，要通过重修剪来刺激隐芽的萌发，使其发生新枝和徒长枝，重建骨干枝以及结果部位。若树势衰弱导致出现枯梢的现象，可以在2~3年生以下的部位选取直立或者斜生向上的枝当作新的延长头，将原枝头剪除。如果梨树已经严重衰老，部分骨干枝已经枯死，这个时候应该进行一次性的大更新，即在加强土肥水管理的前提下，将各级骨干枝进行重回缩，使其局部转旺，萌发徒长枝或者促使短枝转化成长枝，利用这些新枝来重新培养骨干枝和结果枝组。细致地修剪结果枝组，将弱的去掉留下壮的，以集中养分，使生长势得到恢复。

梨树在衰老期的主要修剪任务是：更新复壮，恢复树的生长势，使盛果年限延长。由于梨树的潜伏芽有较长的寿命，可以通过重剪刺激，促进萌发更多的新枝用来重建骨干枝和结果枝组。要想对梨树进行更新复壮，首先要做的是加强土肥水管理，促进根系的更新，从而提高根系的活力，在这个基础上要通过修剪更新复壮地上部。

1. **大枝更新** 梨树进入衰老期后，不要只注重结果，还应该注意树势的变化，及早更新，将损失减小。在梨树的生产上一般根据两种不同的情况具体问题具体分析，采取相应的措施处理。一种情况是，若发现后部小枝稍微有些衰弱，但是仍然还有更新反应时，应该及早采取"前堵后截"局部小更新的措施。所谓"前堵"，即在大枝前面2~3年生的分枝处进行轻回缩，将前端优势压到后部的枝上；所谓"后截"，即对后部分枝采取多截少放或者先养后截的方式，即便枝的前部有花也不要留，防止以后的枝组更新比较困难。第二种情况是，之前没有进行小枝组更新，现在再进行小更新已经起不到什么作用了，而且全树的大更新会导致产量损失，如果梨园的亩产仍然大于1000千克，可以采取分年大更新的方法，即每年对大枝进行大更新1~2个，3年内将整棵树的大枝更新完。对大枝进行更新时要遵循"先大后小"的原则，即在第一年先将中心干或最粗最大的主枝更新，回缩部位应按照骨架的要求和有无分枝而定，回缩得尽量重一些，以对其产生较大的刺激，从而抽生出强旺的徒长枝，其他的大枝基本上不动，尽量让其多结果。第二年和第三年也是先回缩大枝，再回缩小枝。这样一来，每年树枝都既有回缩的也有结果的，不会导致梨树的产量有很大的落差，与此同时，也能够起到更新的作用。如果是亩产不足500千克的衰老梨园，则应该进行全园砍伐，重新进行栽苗建园。

2. **小枝更新** 梨树在衰老期，只有在大枝更新的前提下，进行小枝更新才会有效果，要不然只动小不动大，小枝没有反应，会导致越回缩越弱、越光秃。因此，进行大枝改造时，也要注意小枝的更新和对新发的徒长枝进行管理。将小更新抽生的徒长枝，适当地选择一部分来当作新的骨干枝培养，另一部分则作为结果枝组来培养。对于大更新抽生的大量徒长枝，先将新的骨架枝选出来，再拉开角度和方位，连年进行中截促长以扩大树冠；剩下的徒长枝，除了要将几个过多的疏除外，其他的应该尽量保留，可以通过拉、别、压等方法，将它们培养成长放枝组。需要特别注意的是，徒长枝的角度小，不要以自然角度拉枝，否则很容易断裂，最可靠的方法是反弓弯拉倒。对于空间大的地方，也可以通过多次短截，以刺激其分生成大枝组，促进其尽早形成新树冠。

葡萄的整形修剪

一、生长结果习性

葡萄属于多年生的藤本攀缘植物，其根系发达，生长旺盛。葡萄的植株没有坚挺直立的骨架，它的枝蔓必须要攀附在其他的植物或者物体上而生长。葡萄比较耐旱、耐涝，耐盐碱，耐瘠薄，有很强的适应性。由于栽培的葡萄有不同的品种、整枝方式、自然环境条件以及栽培管理技术等，因此其植株的大小也有很大的差异。葡萄植株与一般乔木果树的树体结构完全不同，它主要由主干、主蔓、侧蔓、结果母枝以及新梢等组成。主干就是从地面发出的单一的树干，主蔓就是主干上着生的较大分枝，侧蔓就是在主蔓上分生的多年生枝。

（一）芽及其类型

葡萄的芽通常着生在叶腋间，在每个叶腋着生两个芽，小的叫作夏芽，大的叫作冬芽，夏芽具有早熟性，冬芽则具有晚熟性。

1. 冬芽　冬芽位于叶腋中，体形大于夏芽，外披鳞片，内部有主芽 1 个和预备芽 2~6 个，主芽是位于中心的发育最旺盛的芽，周围的叫作预备芽。通常情况下，只有主芽萌发，如果主芽受了伤或者由于修剪过重受到刺激，这种情况下预备芽才能抽梢。有时候会在 1 个冬芽上，同时萌发预备芽 2~3 个，形成"二生枝"或者"三生枝"，因此，冬芽也称作芽眼。

2. 夏芽　夏芽一般着生在冬芽的旁边，表面无鳞片，但是有茸毛，夏芽是一种裸芽，通常多在当年夏季萌发，如果不萌发会枯死。夏芽萌生的新梢叫作夏芽副梢，其上的叶腋也能够形成夏芽，在当年萌发长成二次副梢，在二次副梢上的夏芽又萌发长成三次副梢。葡萄一年可以发生多次副梢。

3. 潜伏芽　葡萄的潜伏芽位于枝梢基部，一般不萌发，但是如果枝干受到刺激，潜伏芽就能随即萌发。潜伏芽经修剪后能改造成结果母枝或者主蔓、侧蔓。葡萄植株由于有大量的潜伏芽而有很强的再生能力，这对枝蔓的更新复壮十分有利。

（二）枝及其类型

新梢为当年萌发抽生出来的新枝。结果枝是着生果穗的新梢（图 4-16），而没有果穗的新梢叫作生长枝。不同的葡萄品种其新梢的粗度和节间长短也大不一样。通常情况下，对于新梢粗且节间长的品种，其生长势都比较强。不同品种和不同成熟度的枝条上的新梢颜色，也有很大的差异，这是进行品种鉴别、选留枝蔓的重要依据。新梢生长势的强弱受着生部位及栽培管理条件等因素的影响。篱架整形的植株，其新梢的生长势通常比棚架整形的生长势强；

着生在植株基部和顶部的新梢一般要比着生在中部的新梢旺盛。因此，葡萄栽培应该根据不同的品种选择相应的架式，以利于各部新梢的正常生长，争取能够连年获得高产、稳产。

秋季落叶后至次年萌芽之前的新梢叫作一年生枝，能抽生结果枝的一年生枝，叫作结果母枝。

图 4-16 葡萄结果枝

（三）生长结果习性

1. 枝蔓生长旺　葡萄的新梢年生长量很大，而且特别容易产生副梢。其中开花期的前后属于新梢生长的高峰期，一天的生长量可达 5~7 厘米。因此，葡萄的夏季修剪十分重要。

2. 属于多年生攀缘植物　葡萄的茎没有其他果树的茎那样坚硬直立，葡萄必须攀缘其他的植物或者支架才能向上生长，因此在生产上需要搭各种架式，促使其正常生长结果。

3. 结果早，经济栽培年限长　葡萄定植后一般 2~3 年便开始结果，5~6 年就进入大量结果期。葡萄的寿命很长，其经济栽培年限可达 30~50 年，甚至 100 年以上的树也能获得理想的收成。葡萄属于结果时间长，高产、稳产，大小年现象不明显，增产潜力非常大的果树。

4. 粗壮结果母枝和结果枝结果能力强　葡萄的粗壮结果母枝所抽生的结果枝比较多而且果穗大，而细弱枝和徒长枝上抽生的结果枝则比较少而且果穗小，因此，要想取得葡萄的高产、稳产，就应该培养健壮的结果母枝。不同品种的葡萄，其抽生结果枝的能力也不一样，在管理条件相同的情况下，玫瑰香葡萄的结果枝一般占新梢总数的 50%~60%，而龙眼葡萄一般只占到 30%~40%。由于品种和在结果母枝上的着生位置不同，其结果枝抽生花序的多少也不一样，如果管理条件大致相同，欧亚的葡萄品种多生 1~2 个花序，而美洲的葡萄品种每个结果枝上则着生 3~4 个花序。

5. 花芽形成部位不一　由于葡萄品种和所用农业技术不一样，因此花芽在结果母枝上形成的部位也不一样。大多数品种的枝条基部 1~2 节无法形成理想的花芽，3~4 节以上到 8 节以下节位上的芽能够形成良好的花芽。通常情况下，生长势较强的品种，形成良好花芽的部位就比较高。如果品种相同，而其枝条的生长势不同，这样花芽的分化程度也不一样。通常情况下，强枝的分化时间比较早，弱枝分化时间比较晚；光照良好的上部枝条要比下部枝条的花芽分化良好。因此，在花芽的分化期，应该增加树体营养，从而提高冬芽的质量。

6. 花序和卷须为同源器官　葡萄的花序在新梢上着生的位置和卷须相同，它们是同源器官，都是茎的变态。葡萄植株在自然生长的条件下，可以看到从卷须到花序的多种过渡的类型。葡萄植株在生长过程中，每年都能发出大量的卷须，而卷须的生长发育会使大量的营养被消耗掉，在卷须比较多的情况下，往往会因为水肥供应不足，导致营养条件不良，造成大量落花落果。如果能够加强肥水管理，适当地将卷须摘除，可以使花序获得充足的营养，提高坐果率。

7. 可以一年多次结果 葡萄的有些副芽也会孕育花序，能够开花结果。在自然状态下，夏芽萌发的副梢，一般不会形成花芽，但是如果对新梢进行摘心，就能够刺激夏芽形成花芽，等到摘心后能够很快形成花序。夏芽花序发育的大小与级次相关，低级的次花序要比高级次的花序萌发快，而且孕育期短，因此低级次的花序小，高级的次花序大而且完整。不同的葡萄品种其副梢的结果能力也不一样。此外，还可以通过夏季修剪的措施，如对主梢进行摘心并且将全部副梢抹除等，促进花原基形成，利用当年的冬芽来萌发结果。因此，葡萄能够一年多次结果，增产潜力大。

8. 花序着生在新梢顶端 葡萄花序从外表来看着生在新梢的叶腋处，但实际上它的花序着生在新梢的顶端。由于葡萄的新梢是单轴生长与合轴生长交替进行的，最初的生长点主要是向上伸展为单轴生长，其后的生长点转位而成卷须或者花序，而侧生长点则继续向前延伸，即所谓的合轴生长，这种单轴生长与合轴生长交替进行并且比较有规律，因此，葡萄上的花序与卷须是呈规律分布的。

二、主要树形

(一) 篱架

1. 树形　葡萄的树形包括主干形和无主干形，常用的树形如下。

(1) 多主蔓扇形　多主蔓扇形分为两种，即多主蔓自然扇形和多主蔓规则扇形。枝蔓在架面上分布的形状为扇形。

①多主蔓自然扇形。多主蔓自然扇形是由几个主蔓从地面或者较矮的主干上直接发出，在主蔓上着生结果枝组和结果母枝。大型扇形的整枝，在主蔓上可以分生侧蔓，再从侧蔓上分生副侧蔓，主蔓和各级的侧蔓呈扇形均匀分布在架面上，从而形成无主干多主蔓自然扇形。

②多主蔓规则扇形。多主蔓规则扇形比较适合在株距为1~2米，架高为1.8~2米，拉四道铁丝的篱架上采用；通常在靠近地面处培养主蔓3~5个，不留侧蔓，主蔓主要呈扇形排列在架面上。在每个主蔓上可以直接培养结果枝组2~4个，结果枝组一般按一定距离有规律地排列在主蔓上。

另外，还有一穴多株规则扇形，是在建园时，在每个定植穴中栽植2~3株，每株葡萄从基部分生主蔓1~2个；与多主蔓规则扇形的主要区别是多主蔓规则扇形只是一株苗从基部分生出了几个主蔓。

扇形整形步骤主要为：

在第一年的春天，将葡萄的苗木留 3~4 个芽短截后进行定植；等到萌芽后再从新梢中选留壮梢 3~4 个进行培养，剩下的全部抹去。等到夏天新梢长到 80 厘米以上时，留 50~60 厘米进行摘心；以后再对新梢的顶端发出的第一副梢留 30 厘米进行摘心，并将其余的副梢去掉；根据相同的方法，在副梢上发出的二次副梢要留 3~5 片叶进行摘心，而三次副梢则留 1~2 片叶摘心；对夏季生长比较差的新梢适当地进行重摘心，以培养壮梢。在冬季修剪时，要对壮枝留下 50~60 厘米进行短截，培养成主蔓；弱枝要留 30 厘米进行短截，来年继续培养主蔓。

来年夏天，若主蔓上发出的延长梢达到 70 厘米，则要留下 50 厘米进行摘心，剩下的新梢则留 40 厘米摘心，以后可参照第一年的摘心方法进行摘心。冬季修剪时，主蔓延长蔓应留 50 厘米进行短截；剩下的枝条留 2~3 个芽短截，用来培养结果枝组。在上一年留下的 30 厘米短截的副梢可以留着作为主蔓培养，在当年可发出新梢 1~2 根，夏季在其长到 40 厘米时选其中壮梢留 30 厘米摘心，按培养枝组的方法将其上发出的健壮的副梢进行摘心和冬季修剪。

到第三年，继续按照上述方法培养主蔓和枝组，直到主蔓能够具备 3~4 个结果枝组为止。

（2）篱架水平形 葡萄的植株从地面分生出一个主干，在篱架 1~3 道铁丝上水平分布几个主蔓。篱架水平形主要分为三种，即单层双臂水平形、双层双臂水平形和多层双臂水平形。单层双臂水平形就是只在一道铁丝上双向分布 2 个主蔓；双层双臂水平形是在第一道和第二道铁丝上各双向分布 2 个主蔓，共计 4 个水平主蔓；多层双臂水平形是在第一、第二、第三道铁丝上，各双向分布 3 个主蔓，计6个水平主蔓。采用此种树形应注意做好夏季修剪，保证生长势平衡，以避免出现徒长枝和过旺枝。

（3）高宽垂"T"形　高宽垂"T"形是植株上有一个主干，一般高1.2~1.3米，在它的顶端篱架的方向上分出双臂，距地面1.3米左右，绑在第一道铁丝上，在每臂上均匀分布结果枝组6~8个。在立柱的顶部上固定一根长度为0.8~1.0米的横杆（一般距离第一道铁丝0.4~0.5米），横杆两端拉两条平行的铁丝，两者的间距大约为0.8米，这样可以引缚结果新梢，使大部分新梢随生长而自然下垂。还可以在第一道铁丝处绑一根横杆，长大约0.3米，在横杆的两端各拉一道铁丝，分开绑缚两臂，在立柱的顶端再固定长为0.8~1.0米的横杆。这样一来，整个新梢的分布，看起来呈一"V"字形。在顶端的横杆上也可以均匀分布4条平行的铁丝，将两臂或者新梢引缚到立柱两侧的铁丝上，再向两边延伸，最后新梢会随着生长自然下垂。这样在立柱的顶部加了横杆，就会使篱架的断面呈"T"字形，再加上主干又高，所以叫作高宽垂"T"形。

2. 架式　葡萄篱架的架面垂直于地面，与篱臂相似。其主要特点是丰产、土壤和树体管理比较容易，但是如果该品种的生长势强而且又在高温多雨地区应用，这时候就应该注意控制植株的生长势。在生产上，常用篱架有单臂篱架、双臂篱架、T形架等。

（1）单臂篱架　进行单行栽植时，通常在地面上每隔5~10米设一根支柱，然后在支柱的垂直面上再拉3~4道平行的铁丝。架高为1.2~1.5米，第一道铁丝与地面的距离为50~60厘米，其他各道铁丝间隔为40~50厘米，以南北方向最好（图4-17）。

这种架式的单株面积小，比较适合密植，进行定植后，葡萄的枝蔓布满架面而且成形快，可以在早期提高单位面积产量，而且通风透光良好，果实的品质佳，便于进行管理以及机械化耕作等。但是由于是平面结果，如果控制不当会造成结果部位上移，导致架面下部出现三角空隙，使接近地面的果穗很容易被泥土污染，而且很容易造成病菌的侵染，使发生病害概率增大。

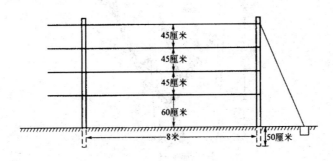

图 4-17　单臂篱架

（2）双臂篱架　双臂篱架的结构大体上类似于单臂篱架，在同一行内设立单篱架两排，将葡萄栽在中间，分别将枝蔓绑缚在两侧的篱架上（图 4-18）。架高与单臂篱架一样，双柱之间的架宽为50~70 厘米，架式上宽下窄。铁丝的间隔类似于单臂篱架。

双臂篱架在单位面积上的有效架面大，能使空间得到充分利用，单位面积的产量要高于单臂篱架，还能够获得早期丰产。但是双臂篱架的架材费用较大，比单臂篱架要增多大约一倍；枝蔓比多，容易造成郁闭；而且双臂篱架的通风透光也没有单臂篱架的好；操作管理起来不便，不适合进行机械化操作，也不适合大面积种植。

（3）T 形架　也称作宽顶篱架，即于单篱架的顶端加上一根横梁，形状为"T"字形（图 4-19）。横梁宽 40~100 厘米，在横梁的两端各拉上一道铁丝，在直立的支柱上设置 1~2 道铁丝。植株的主

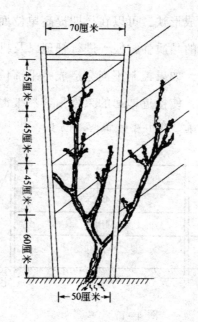

图 4-18 双臂篱架

干或者主蔓呈直立向上，将其引到顶部的铁丝处，将结果母枝引缚在两侧铁丝上，使新梢自然下垂生长，分布在架的两侧。整形方式主要采用双臂形、龙干形的高、宽、垂栽培方式。这种架式适用在不埋土防寒的地区，比较适宜生长势强的品种。

这种架式的架面大，果实产量高，能够充分利用光能并且能够进行机械化采收，目前在生产上应用较为广泛。

（4）V 形架　在单篱架的支柱上，从地面的 60~80 厘米处开始，每隔 50~60 厘米加上一根横梁，横梁的长度由下往上依次增加，分别是 50~60 厘米、70~80 厘米、90~100 厘米（图4-20）。然后在横梁的两端各拉上一道铁丝，将植株的主蔓和新梢绑缚在两侧的架面上，形成"V"字形，因此叫作 V 形架。

这种架式的架面倾斜度较大，从而使架面的通风透光条件得到改善。植株的生长势容易控制，同一品种的果实成熟可以提早 2~3 天，果实的品质和生产的潜力要比双臂篱架好，属于高产优质的架式，应该广泛推广应用。

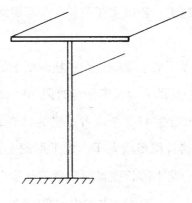

图 4-19 T 形架

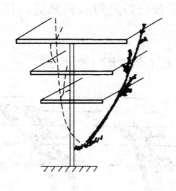

图 4-20 V 形架

（二）棚架

1. 树形 棚架树形的种类有很多，最常见的是多主蔓扇形和龙干形。

（1）多主蔓扇形 多主蔓扇形分为两种，即有主干多主蔓扇形和无主干多主蔓扇形。多主蔓扇形大多应用在老葡萄产区。植株从地面直接发出几个主蔓或一个主干，在其上面再分生出几个主蔓，架面上的主蔓数一般为2~5个。在主蔓上又分生侧蔓，在侧蔓上着生结果母枝和结果枝组。各级主蔓及长、中、短结果母枝呈扇形分布在架面上。

（2）龙干形　龙干形主要是指在整枝时留下的长而粗大的固定的多年生主蔓，在主蔓的背面或者两侧每隔20~30厘米着生一个枝组，在每个枝组上又着生1~2个或者更多的短梢结果母枝，形成龙爪状，整个主蔓及其枝组形成龙干。龙干形的主要类型有独龙干、双龙干和多龙干等。龙干的长度根据架面的长度来定，对双龙干和多龙干进行整形时，每一主蔓间距大约为50厘米。进行修剪时，对于有空间的主蔓延长枝应该进行长梢修剪，剩下的大多进行短梢修剪。

以双龙干为例介绍如何整形（图4-21）。

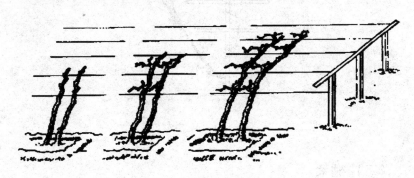

图4-21　葡萄双龙干

定植时留芽2~3个进行剪截，萌发2~3个新梢用来培养主蔓。等到新梢长到大于1米时进行摘心，在其副梢上留下1~2片叶以能够反复进行摘心。进行冬季修剪时，在主蔓上剪留12~18个芽。

当主蔓发芽后，将基部低于 30 厘米的芽抹去，以上要每隔 25~30 厘米留一壮梢，夏季新梢长到 60 厘米以上时，留 40 厘米摘心。以后要对其上的副梢继续进行摘心，冬季修剪时要留芽 2~3 个进行短截。对于延长梢可以留 15~18 节进行摘心，冬季修剪时剪留 12~15 个芽。

在上年留的结果母枝上，各选留好的结果枝或发育枝培养枝组 2~3 个，具体方法是在大约有 10 片叶时进行摘心，处理副梢要及时，并保持延长蔓的优势，使其继续延伸，最后布满架面。冬季修剪时可以参考上年进行的方法。完成整形任务一般需要 3~5 年。

2. 架式 棚架在我国有着悠久的应用历史，而且分布范围也很广泛，基本上遍布于各葡萄产区。棚架的肥水能够小范围集中管理，而且葡萄的枝蔓可利用的空间更大，因此，对于山地、丘陵地区以及西北和东北等冬季埋土防寒的地区，使用棚架比较合适。在南方地区，由于气候高温多雨，采用棚架时，距地面比较高，能够有效地缓和新梢的生长势，减小病害发生的概率。

棚架的不足之处是地上枝蔓距地面较高，不方便管理，如进行夏季修剪、喷药等，尤其是矮棚架或低矮的倾斜部分，机械化操作非常不方便。如果夏季修剪得不合理，而且负载量过大，容易造成架面郁闭，导致新梢的成熟度不够，使果实的质量降低。在生产上，常用棚架有大棚架、小棚架、棚篱架。

（1）大棚架

①倾斜式大棚架。在距离植株的根部大约 1 米处立一根高约 45 厘米的支柱，以后在同一条直线上每隔 1.5~2 米各立一根支柱，一共要立 4~5 根，使其高度逐渐增加，最后一根高为 2~2.5 米，让架

面呈倾斜状。通常架长为 10~15 米，架宽要根据葡萄植株的大小和地形来定，架后部高约 1 米，前部高 2~2.5 米（图 4-22）。

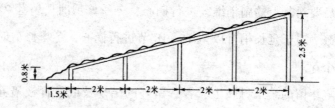

图 4-22　倾斜式大棚架

这种架式能够充分利用山坡地，对于生长势极旺的品种比较适合，但不适合进行密植，会导致成形比较慢，进入盛果期的时间比较晚；当主蔓达到顶端后，如果修剪不当，会导致结果部位前移而使后部空虚，而且对机械化工作不利，不方便进行操作管理。

②水平式大棚架。架面高为 2.2~2.6 米，柱的间距大约为 4 米，用等高的支柱搭成一个水平的架面，同时每隔 50 厘米设一道铁丝并将其拉成方格状，将葡萄栽植在架的两端。这种架式比较适合用于庭院美化、公园水渠以及大路两侧，不仅能够美化环境，还能够充分利用空间。

（2）小棚架　小棚架的架长或行距要低于 6 米。通常小棚架的架长为 4~5 米，架端高为 1.8~2.2 米（图 4-23）。

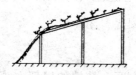

图 4-23　各种小棚架

由于小棚架的架长较短，因此单位面积的栽植密度比较大，对早期高产、稳产十分有利。由于使用小棚架，葡萄植株的体积小，有利于平衡树势以及保持产量的稳定，对于枝蔓的更新有利。由于使用小棚架，葡萄枝蔓比较短，使枝蔓的更新和上下架比较容易。因此，小棚架广泛地应用于我国北部地区，如东北、河北、新疆等地。

（3）棚篱架 棚篱架属于小棚架的一种变形。一般每隔4~5米设立一根支柱，排列成正方形，支柱长2.5~2.7米，要高出地面2.2~2.4米。棚架两边用铁丝或者用木棍横绑固定，在棚架的上部每隔50~60厘米，用10~20号铁丝或细木棍纵横组成方格状。棚篱架的结构大体上类似于小棚架，在同一个架上既有棚架架面，也有篱架的架面，因此叫作棚篱架。一般架长为4~6米，架基部高大约1.5米，架端高为2~2.2米。

棚篱架能够充分利用空间，以实现立体结果，比较容易在架下操作。有些地区将小棚架的架基部提高，在主蔓基部培养出枝组而将其改成棚篱架。此外，可根据不同的需求，将小棚架和棚篱架衍生成各种不同的架式，如水平式小棚架、屋脊式小棚架等，这两种架式一般应用在温室及塑料大棚栽培。

对葡萄的植株进行整形，能够促进植株充分而有效地利用光能，以实现优质、高产、稳产，而且对耕作也十分有利，还可以防止病虫害，有利于采收等操作，使效率得到提高。葡萄的生产可以采用很多种树形，选用树形时应该参照品种的生物学特性、架式、环境条件等。葡萄的架式与整形之间有密切的联系，架式和树形要协调好，才能够获得良好的效果。

三、整形修剪

（一）冬季修剪

葡萄的冬季修剪主要是控制结果母枝的长度以及数量，使生长和结果的关系能够得到调节；使葡萄生长的极性得到控制和缓和，避免出现枝蔓光秃，以维持良好的株形；使骨架和结果母枝的配置比较协调，以达到高产、稳产、优质的效果。

1. 修剪时期　通常在秋季落叶后到来年萌芽之前的整个休眠期，都可以进行冬季修剪。一般比较理想的修剪时期是落叶后大约 1 个月到第二年萌发的前一个月。如果修剪过早会导致部分养分损失，如果修剪过晚就会导致伤流。如果修剪的时期早，葡萄的发芽也很早；反之，如果修剪太晚，就会相应推迟发芽期。北方通常在 10 月下旬到 11 月上旬能够大体上完成，这样对植株的埋土防寒十分有利。但是在秋季完成修剪后，若到了冬季遇到意外的低温，使葡萄枝芽遭到严重的冻害，就很难保证芽眼的数量，会导致葡萄减产。因此，进行冬季修剪时，应该根据各地不同的条件注意以下问题。

（1）葡萄自然落叶后的 2~3 周，是进行冬季修剪的最佳时期，这个时期，一年生枝蔓贮藏的养分开始向多年生枝蔓部分转移，在不需要埋土防寒的地区，完成修剪工作的时间一般比较充足。但是在北方冬季埋土防寒地区，由于有早霜，会使葡萄植株还没到自然落叶的时候叶片就被冻死而干枯，再加上冬季低温来得时间比较早，

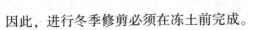

因此，进行冬季修剪必须在冻土前完成。

（2）在冬季比较寒冷的地区，经常发生枝芽受冻害的现象，如果全部的修剪工作在埋土防寒之前就已经完成，往往会由于冻害导致芽眼的负载量不足，从而造成减产。因此，在冬季比较寒冷的地区可以采用春季复剪的方式，即在埋土之前，剪除所有不成熟的新梢，以方便进行埋土，等到春季出土后，再根据枝芽的受冻情况，来确定芽眼的负载量，争取在萌芽之前，完成修剪任务，这样就能够保证葡萄植株适宜的负载量。

2. 修剪技术

（1）控制留芽量以及结果母枝的留量　对母枝的剪留强度应该根据葡萄的品种特性、架式以及树龄、产量等因素来决定。结果母枝的剪留量应为：篱架架面 8 个/平方米，棚架架面 6 个/平方米。冬季修剪时要根据计划的产量来确定留芽量，可以参照公式：

留芽量：计划产量＝平均果穗重×萌芽率×成枝率×果枝率×结果系数

（2）控制结果新梢数量　在冬季进行修剪的基础上应该对留梢量做出最后的调整。对留梢数量要根据架面的大小和树势的强弱来决定。一般棚架架面每平方米留新梢 15～20 个；单篱架架面每平方米留梢要低于 15 个，篱架上留枝的距离为 10 厘米。

进行疏枝时，首先应该将过密和过弱的新梢疏除；在新梢的生长势相近时，要遵循疏前不疏后、疏密不疏稀的原则。

（3）花后定果　通过进行疏花序和疏果穗，来确定负载量。当葡萄植株的花序较多时，弱枝和延长枝不留穗，而中庸的果枝留 1 穗，强壮枝仅留 2 穗，剩下的花序应全部疏除。每平方米的架面选留 4~5 穗果，保证每生产 500 克浆果就有大约 10 片正常叶子为其提供养分。

（4）修整果穗　将留下的果穗，进行掐穗尖疏粒等工作，使穗形看起来美观。并保证能够达到品种标准的果穗重量。

3. 修剪方法　结果母枝的修剪方法

（1）短梢修剪　短梢修剪就是修剪时将结果母枝剪留 1~3 个芽的修剪方法。如果只剪留 1 个芽则叫极短梢修剪。

（2）长梢修剪　长梢修剪是剪留多于 4 个芽的修剪方法。如果是剪留 4~6 个芽，叫中梢修剪，大于 12 个芽的叫极长梢修剪。

4. 树体更新的方法

（1）疏剪　从基部剪掉受伤、受病虫危害以及多余的主蔓和侧蔓、枝组和结果母枝等的方法，就是疏剪。

（2）回缩　就是为防止结果部位外移或者进行复壮树势，而将枝蔓或者枝组剪截到低位健壮的位置的修剪方法。

（3）单枝更新　冬季修剪时，利用一个一年生枝，既把它当作下一年的结果母枝，又当作预备枝的修剪方法。通常在修剪时要留 3~6 个芽进行短截，等到第二年萌发新梢结果后，冬季修剪时选留基部比较粗壮的一年生枝，然后将其以上的枝条全部去掉，之后对选留的枝条实行同样的修剪方法。

（4）双枝更新　冬季修剪时每个结果部位保留两个一年生枝，上面的进行中长梢修剪，当作第二年的结果母枝；下面的则进行短梢修剪，当作预备枝。来年冬季修剪时去掉全部的当年结果母枝所萌发的枝条，在预备枝萌发的枝条中选留两个比较健壮的枝条，继续参照上一年冬季修剪时的方法进行修剪。

5. 修剪方法的应用　　对葡萄进行短梢修剪比较简单，而且芽眼的负载量控制得比较严格，葡萄植株的树势、产量和质量容易保持稳定，结果部位外移的现象比较容易控制，而且树形比较规整，方便进行埋土。但是短梢修剪不适于基部结实率低的品种，当主蔓和枝组受到损伤之后，基本上没有回旋的余地，不能将架面的空缺及时弥补上。而中、长梢修剪的留芽数量比较多，而且结果枝的数量也相应增加，使结果枝的选择概率增大，可以灵活地填补架面的空缺。有些品种母枝基部的芽眼结实率低，比较适合采取中、长梢修剪的措施，但是容易导致结果过多，对技术要求高，防寒地区埋土不便。因此，葡萄在进行修剪的时候，一般都会采用中、长梢结合、中、短梢结合或者以短梢修剪为主的修剪方式。修剪时要根据品种、架式、整形等因素具体问题具体分析，采取最适宜的修剪方式。通常情况下长势旺的品种以中、长梢或者极长梢修剪为主要的修剪方式，对于生长中庸或者生长较弱的品种可以采用短、中梢修剪方法。对于同一品种，强旺枝用长梢修剪或者极长梢修剪，中庸枝则用中梢修剪，弱枝采用短梢修剪。此外，修剪也与葡萄的架式和整形密切相关，水平整枝比较适合连年短截，而扇形整枝可以采用长、中、短相结合的方式。

6. 技术规则

（1）应该选留生长比较健壮而且成熟良好的一年生枝当作结果母枝。

（2）当剪截一年生枝时，剪口高出枝条节部 3~4 厘米最宜，剪口向芽的背部稍微倾斜，也可以在节部破芽剪截。

（3）将一年生枝疏除时，应该尽可能地靠近母将其从基部去掉，不要留短桩；将多年生枝疏除时，如果枝蔓较细则不留短桩，对于较粗的枝蔓可以暂时留下大约 5 厘米的短桩，等到第二年修剪时将其除去。

（4）主蔓上进行疏枝后的各个伤口应该处于同一面上，并且要有一定的间隔距离，切忌使伤口邻接和相对。

（5）进行修剪时，注意剪口要平整光滑，锯口应削平。

7. 冬季修剪应该注意的事项

（1）培养结果母枝和预备枝应该选留生长健壮和成熟度高的一年生枝。一般成熟度高的枝条比较粗，而且皮的颜色比较深，枝的截面比较圆，髓部比较小，如果将枝条弯曲会听到纤维断裂的声音，而且芽眼饱满充实。

（2）剪留的长度应该根据剪留枝条的作用、修剪方式和枝条粗度而定。通常延长头、结果母枝和比较粗壮的枝条应该长留，剪口下粗度要高于 0.8~1.0 厘米。对于预备枝和比较细弱的枝条，应该进行短梢修剪，一般剪留 1~3 个芽。

（3）对一年生枝进行剪截时，剪口至少要高出枝条节部 3 厘米，在上节的节部剪截最好，否则，不利于顶芽的生长。剪除老蔓时，要从基部剪除，不要留下短桩，但是伤口不要太大，以免对新梢的生长造成不利影响。

（4）在进行修剪之前，应该首先将病虫枝和成熟不良的枝条剪除，以免影响植株的正常生长，影响植株的整形和芽眼负载量，对葡萄的产量造成不利的影响。

（5）对于成熟良好的副梢，如果粗度高于 0.7 厘米，可以剪留 2~3 节，疏除全部生长弱的副梢。

（二）生长季修剪

早春时节的葡萄会有树液流动，伤口会出现流液，这种现象叫作伤流。如果伤流量比较小，则不会对植株产生明显的影响，但是要尽可能地避免有机物质和矿物盐从伤口中流失；如果伤流过多，会使枝梢的生长势削弱。在新梢生长的季节，要加强对架面的管理，及时对葡萄植株进行抹芽、疏枝以及新梢摘心，从而节省树体的营养物质，避免过多消耗。

葡萄的新梢生长比较迅速，其夏芽属于早熟性芽，在一年之内可抽生副梢2~4次，如果不进行修剪控制，容易导致枝条过密，通风透光条件不良，坐果率比较低，果实的质量差。所以，应该每年实行多次细致的夏剪。

1. 抹芽和定枝 当芽已经萌发但是还没有展叶时，将萌动的芽抹去叫作抹芽。当新梢长到15~20厘米的时候，已经能够辨别出有没有花序，对新梢进行选留叫作定枝。抹芽和定枝应该及早进行，以促使贮藏在树体内的营养物质和根部吸收的水分以及养分能够更好地促进留下的枝芽以及花序的生长发育。留枝量若比较合理，能够改善架面的通风透光条件，对光合作用和新梢枝芽的充实发育十分有利。为了防止结果部位外移，使结果部位能够靠近主蔓，在进行抹芽和定枝的时候要尽可能地利用靠近母枝基部的芽和枝。

应灵活掌握留枝量的多少，可按照新梢在架面上的密度来定。如对篱架、枝条进行平行引缚时，单臂篱架上的枝距通常为6~10厘米，双臂篱架上的枝距通常为10~15厘米。

2. 新梢 引缚应该按照冬季修剪的意图，将枝蔓均匀而合理地绑缚在架面上。如龙干形整枝和扇形整枝，主蔓之间的距离保持大约为50厘米，对结果母枝进行水平或者倾斜引缚，延长头一般直立或者向前引缚，以促进其迅速生长，使结果部位扩大，防止结果母枝和主蔓的交叉、重叠和太过密挤。

可用塑料绳、麻绳、稻草等材料引缚枝蔓，对于棚架上比较粗大的枝蔓还可以用铁丝钩将其吊在棚架的下面。在绑蔓时应该注意给枝蔓留下一定的空隙，这样能促进枝蔓的增粗，与此同时又要将其牢固附着在架面上，避免因风使枝蔓移动，磨破树皮。因此，通长采用"8"字形引缚枝蔓，俗称为猪蹄扣。

3. 新梢摘心　新梢摘心是为了控制新梢旺长，促进养分向留下的花序和枝条上集中，以提高坐果率，从而促进花芽的分化。应在开花前3~5天至初花期对结果枝进行摘心，通常在花序以上留下4~6片叶进行摘心比较合适。对于发育枝，可以与结果枝摘心同时进行或者比结果枝摘心稍微晚一些，通常留8~12片叶。摘心时要遵循"强枝长留，弱枝短留"的原则。

4. 副梢处理　当年形成的葡萄新梢叶腋内的夏芽能够萌发形成副梢。为了减少营养的无效消耗，避免架面的枝叶过密，保证良好的通风透光条件，提高果实的质量，在生长季应对副梢进行及时适当的处理。

（1）从基部抹除果穗以下的副梢，果穗以上的副梢要留1片叶子进行反复摘心，最顶端的1个副梢要留2~4片叶子进行反复摘心。

（2）结果枝只保留最顶端的1个副梢，每次应该留2~3片叶子进行反复摘心，剩下的副梢应从基部抹除。

（3）结果枝顶端的1个副梢应留3~4片叶进行反复摘心，剩下

114

的副梢要留 1 片叶进行反复摘心。

（4）主梢进行摘心后，顶端的两个副梢各留 3~5 片叶反复摘心，其余的副梢全部采用"单叶绝后"的处理方法（图 4-24），即每一个副梢留 1 片叶摘心，与此同时应该将该叶腋中的腋芽全部疏除，促使其不能萌发二次副梢。

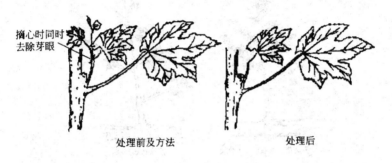

摘心时同时
去除芽眼

处理前及方法　　　　　　处理后

图 4-24　单叶绝后副梢处理法

5. 除卷须　卷须既浪费了营养和水分，又与叶片、果穗、新梢、铁丝等缠在一起，不利于花果的管理和下架，应在卷须木质化之前及早将其剪除。

6. 剪梢和摘叶　剪梢是将新梢的顶端部分剪去大于 30 厘米，主要的目的是改善植株的通风透光条件，促使新梢和果穗更好地成熟。摘叶能够使果穗接受更多的光照，是提高葡萄果实品质的技术措施。一般在 7~9 月份进行剪梢和摘叶，修剪、摘除的量不要过大，不然会削弱树势，使果实的成熟延迟，修剪的标准是在架下形成筛眼状光斑。摘叶在果实成熟前 10 天进行，将新梢基部的 1~5 片老叶摘除，使 75% 的果穗能够暴露在阳光下。

7. 花序整形　进行花序整形，能够提高坐果率，使果实的外观品质得到改善，使果穗大小整齐，形状看起来美观，也有利于包装。

具体有两种方法：一种是将副穗和花序基部的 1~3 个分枝去除，将穗尖掐除（约掐除花序长的 1/4），将部分小分枝疏除，坐果后每穗定果大约 50 粒；另一种是将副穗去除（图 4-25）。

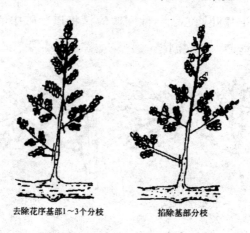

去除花序基部 1~3 个分枝　　　掐除基部分枝

图 4-25　花序整形方法

8. 利用副梢二次结果　在基本不增加新梢负载量的条件下，增加果穗的数量，以提高产量。在南方等生长期比较长的地区，应该采用二次结果技术，这样能够弥补因气候条件不良（如花期多雨）造成的一次结果不足，与此同时还能够充分利用气象资源，从而达到高产优质的目的。在自然灾害比较严重的地区，充分利用二次结果，能够在一定程度上弥补一次结果的损失。对于葡萄保护地栽培，利用副梢二次结果的技术更是提高效益的关键。但是在实际的应用中，还应该考虑到植株的生长势以及总体的负载量、肥水条件和无霜期长短等因素。

（1）利用夏芽副梢二次结果。摘心不能太晚，以免造成夏芽分化花序的能力降低。在摘心的同时，要将全部副梢抹除，只将顶端未萌动的 1~2 个夏芽保留。进行摘心后，顶端夏芽过 3~5 天即可萌发。对于有果穗的副梢可以在花序的上方留 2~3 片叶进行摘心，以促进二次果的发育，并将其他无果的副梢疏除；或者等确认副梢无果后，即对其进行摘心，以诱发二次副梢结果。

（2）利用冬芽副梢二次结果。通常新梢上的冬芽当年不萌发，但经过一定的刺激之后能够促进冬芽花原基的形成，促使其当年萌发而形成结果枝。在花前大约 1 周，在新梢上方留 6~10 节进行摘心。对主梢摘心的同时，抹除全部的副梢，促进养分集中供给新梢的顶端，从而促进顶端冬芽的发育。大约 15 天后，顶端的 1~2 个冬芽即可萌发。如果顶端冬芽副梢没有形成花序，应及时将其剪除，以刺激其下方的冬芽萌发和形成花序。

有的品种二次结果能力较差，花原基形成比较慢，可分步进行副梢处理。首先将部分副梢抹除，留顶端副梢 1~2 个。顶端副梢应该留 3~5 片叶反复摘心，这样就能够避免顶端的冬芽过早萌发而无法形成花序。其次在第一次将副梢抹除后 10~15 天，将顶端的两个副梢抹除，过 10 天后，顶端的冬芽就能够萌发从而形成结果枝。

（3）利用副梢二次结果，应该注意以下问题：第一，二次果成熟比较晚，在我国北方由于夏季至冬季日照逐渐变短，气温慢慢下降，成熟的二次果果皮比较厚，上色比较深，含酸量比较高，品质比一次果要差。因此，露地栽培的葡萄应该以一次果为主产量。第二，应根据当地气候、品种、生长势、肥水等因素而定是否利用副梢二次结果技术。在生长期比较短的地方，最好不要进行二次结果。因为二次结果需要较长的生长期，需要较好的肥水条件，特别适用于生长势较强的早、中熟品种，不然，会造成二次果品质低劣，没有食用价值。第三，二次果的形成，使果实负载量增加，由于营养竞争，往往会造成一次果延迟成熟，使上色和品质受到影响。因此，要适当掌握负载量，将生长与结果的矛盾处理好，以确保树势健壮、高产、优质。

第四节 桃树的整形修剪

一、生长结果习性

（一）芽及其类型

1. 叶芽　桃树的叶芽主要着生在枝条的顶端和叶腋间，其中着生在顶端的叶芽呈圆锥形；而着生在枝条叶腋间的单叶芽呈近三角形。在一个节位上如果是两侧为花芽、中间为叶芽，这样的叶芽芽体比较小。一般桃树的叶芽萌发率高，而且通常萌发后大多形成长枝。由于桃树的萌芽率比较高，因此，其不萌发的潜伏芽的数量比较少。

在桃树大的叶芽两侧以及枝条基部的两侧各有一个副芽，形状比较小，具备潜伏芽的性质和形态，当枝条被剪除后或者中间的主芽受到机械损伤而脱落后，副芽一般会萌发形成两个并生枝。在剪、锯口附近，由于修剪的强刺激作用会使其诱发出不定芽，不定芽一

119

般生长较旺，长成徒长枝。

2. 花芽 桃树的花芽主要着生在枝条的叶腋间，形状呈近椭圆形，属于纯花芽。对绝大多数桃树品种而言，1个花芽只开1朵花，结1个果，但是撒花红蟠桃等少数品种除外，其1个花芽能开2朵花。

在一个节位上，芽的着生有很多类型（图4-26）。其中，在一个节位上只着生1个芽的叫作单芽，如果是花芽叫作单花芽，若是叶芽则叫作单叶芽。若在一个节位上着生有2个或者多于2个芽的，叫作复芽。最常见的复芽类型有两种，一种是中间有1个叶芽、两侧各有1个花芽，另一种是中间有1个叶芽、在一侧着生1个花芽。只要是含有花芽的复芽就叫作复花芽。相同的桃树品种，复花芽比单花芽结的果要大，而且含糖量高，品质较好。如果复花芽多，花芽比较饱满，起始节位低，而且排列比较紧凑，说明能够高产。北方的桃树品种群主要是单芽，而南方的桃树品种群的枝条上着生的主要是复芽。

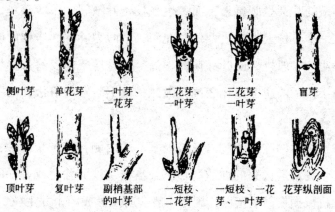

图4-26 桃树芽的类型

在桃树的枝条上，只有叶柄的痕迹却没有芽的节位叫作盲节或者盲芽。由于桃树的花芽属于纯花芽，萌发后只开花结果而不抽枝长叶，其盲节处没有芽原基，不抽枝，因此，在对枝条进行短截时，剪口芽必须留有叶芽。

（二）枝及其类型

桃树的枝可根据性质分成两种，即营养枝和结果枝。

1. 营养枝 没有或只有少量花芽的枝就是营养枝。根据营养枝的长势和长度又可以将其分成发育枝、徒长枝、单芽枝和叶丛枝4种。发育枝的长度小于80厘米，生长比较旺，副梢较多，它的主要作用是制造营养，以形成树冠的骨架，将树冠扩大，用来培养枝组。徒长枝的长度大于80厘米，生长比较旺盛，虽然比较粗壮，但是组织不够充实，有很多的副梢，而且副梢大部分生发在枝条的中上部，很容易形成树上树，扰乱树形，造成严重的遮光挡风现象，在桃树的幼树期和成龄期应着重将其疏除。但是在更新时期，徒长枝可以用来更新树冠。单芽枝只有顶端有1个叶芽，其侧生部位无芽，都是盲节。对于这一类型的枝，如果比较短，低于10厘米，而且有生长空间可以进行缓放；如果其长度超过了10厘米，在有空间的前提下，可以进行极重短截，促使其基部的两个副芽萌发抽枝，然后再将其中1个疏除，保留另1个。对于那些没有生长空间的单芽枝，不管多长都要将其疏除。叶丛枝的长度小于1厘米，通常情况下生长量很小，但是如果受到刺激，就能抽生中、长枝，因此，也有利于进行更新。

2. 结果枝 着生有较多花芽的枝叫作结果枝。根据结果枝的长度可将其分成 5 种，即徒长性果枝、长果枝、中果枝、短果枝以及花束状果枝（图 4-27）。徒长性果枝的长度大于 60 厘米，而且生长比较旺盛，有少量的副梢，花芽的质量较差，坐果率较低，果实品质也差，因此，应该在初果期和盛果期将其疏除。长果枝的长度为 30~60 厘米，没有副梢，花芽的质量高，在结果的同时还能够抽生长、中果枝，而且其连续结果的能力较强。中果枝的长度为 15~30 厘米，发育比较充实，而且花芽饱满，结果的同时还能够抽生中、短果枝，翌年可连续结果。短果枝的长度则在 5~15 厘米，若短果枝发育良好，则花芽饱满，坐果率比较高，是生产特大型果的主要结果枝。花束状果枝的长度要小于 5 厘米。短果枝和花束状果枝，除顶芽是叶芽外，侧芽都是花芽，结果后的抽枝能力比较差，容易枯死。

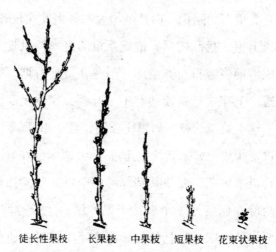

徒长性果枝　长果枝　中果枝　短果枝　花束状果枝

图 4-27　桃树的结果枝

不同品种的桃树，在不同的时期，其主要的结果类型也不相同。幼树期桃树和南方品种群桃树的主要结果枝类型是长果枝和中果枝。

而北方品种群桃树的主要结果枝类型是短果枝。如果植株上的中、长枝较少，而短果枝、花束状果枝以及叶丛枝比较多，则说明植株比较衰弱。

（三）生长结果习性

1. 干性弱，生长旺 桃树在自然生长的条件下，若其中心干生长较弱，则很容易出现偏斜甚至消失，因而形成开心形树冠。桃树幼树的新梢生长势比较旺，一方面表现为单枝的年生长量往往会长达90厘米，甚至能达到1.5~2.0米，粗度能达2~3厘米；另一方面则表现为，在一个生长期内，能够生发2~3次副梢甚至可能会更多，特别是直立性较强的品种和直立枝。由此看来，生长期应该需要多次修剪，从而使内膛的光照条件得到改善。

2. 潜伏芽的寿命短 大部分潜伏芽的寿命比较短，只有2~3年，这是由于桃树自然更新的能力比较差、内膛容易光秃，应该及时对其进行人为更新。

3. 叶芽具有早熟性 在桃树旺梢上的叶芽早熟性比较强，在其形成的当年就能够萌发而形成副梢，这就使桃树能够在一年中多次发枝，根据这一特性，在幼树期可以加速成形并且培养枝组。但是在桃树的成龄期，叶芽的早熟性容易导致树冠郁闭，由此看来，应该注意多进行疏枝。

4. 结果早，寿命短 桃树在定植后过2~3年就能开始结果，5~6年后进入盛果期，若光照比较充足，管理水平比较高，盛果期能维持20~30年。但是如果在多雨、地下水位较高的地区或者瘠薄的山区，再加上管理比较粗放，盛果期最多只能维持5~10年。桃树的寿命比较短，通常生长 20～25 年便开始衰弱，如果是在多雨、地下水位比较高的地区或者瘠薄的山区，在第 12～15 年时树势便开始衰弱。如果在条件适宜、管理水平较高的果园，桃树的寿命能够维持大约 50 年。

5. **喜光性强，结果部位容易外移** 桃树属于喜光性树种，而且萌芽率较高、成枝力强，一年能够多次发枝，冠内的枝条容易因为受光不良而衰弱甚至枯死。桃树结果部位容易外移（图 4-28）的第一个主要原因就是成花比较难，而且坐果率低；第二个主要原因就是在结果枝结果后，其基部的叶芽常常萌发形成叶丛枝，而中部的芽容易形成弱短枝，只有靠近枝条顶部的叶芽才能够抽生长枝，以形成花芽，等到第二年结果，以后每年都是这样；第三个主要原因是桃树的潜伏芽位于枝条的基部，而且数量比较少、寿命短，大部分在第二年还没萌发就会死亡。因此，多年生枝下部很难萌发新梢，也就导致树冠下部光秃无枝。

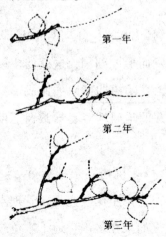

第一年

第二年

第三年

图 4-28　结果部位逐年外移

6. **结果枝类型受生长时期和品种影响** 桃树的生长时期和品种群不同,其主要结果枝类型也不相同。幼树期的桃树和盛果期南方品种群的桃树,其主要结果枝是中、长果枝;而北方品种群桃树则主要是短果枝结果,虽然其长果枝能结果,但是坐果率比较低,而且果实发育不良,容易形成"桃奴"(图4-29)。等到桃树进入衰老期后,短果枝的比例会大幅度提高,因而导致结果能力下降。对于南方品种群的桃树,进行适度短截能够促使结果枝在结果的同时抽生一定数量的中、长果枝,可以用于下年结果,而且如果树体生长中庸,即使修剪稍微重一些也不会对产量有太大的影响;但是对于北方品种群的桃树,若修剪稍重,会刺激萌发大量长而旺的枝条,使短果枝的数量减少、比例降低,从而影响桃树的产量。

图4-29 "桃奴"和正常桃

7. **花芽的部位不同,质量也有所差异** 花芽的分化质量受其发育时间的长短和同节位叶片的光合生产能力强弱等因素的影响。一般质量高的花芽,芽体比较饱满,而且开花较早,花型较大,结的果实品质也好。结果枝基部的花芽,虽然发育的时间比较长,但是由于同节位的叶片比较小,与同一枝条中上部的叶片相比较,其制造的光合产物量比较少,因此,花芽的质量不如同枝条中上部的花芽质量。靠近枝条顶部的花芽和副梢果枝上的花芽，由于发育时间短，其质量也不高。因此，在修剪时，应该以利用结果枝中上部的花芽结果为主。另外，如果其他结果枝够用，通常不会利用副梢果枝结果。

二、主要树形

（一）三主枝自然开心形

三主枝自然开心形是国内外桃树上最常用的丰产树形之一（图4-30）。

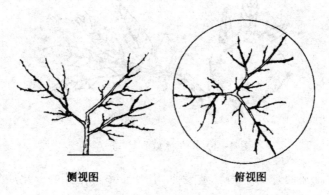

侧视图　　　　　　　　　　　俯视图

图4-30　桃树三主枝自然开心形

1. 树体结构　在40~50厘米高的主干上着生三个主枝，这三个主枝势力均衡。各个主枝间的距离大约为15厘米，方位角大约为120°，开张角度为50°~70°，第一主枝、第二主枝以及第三主枝分别为70°、60°和50°。在每个主枝上应留2~3个侧枝，在主枝与侧枝上配置结果枝组和结果枝。三主枝自然开心形的特点是：三大主枝交错排列在主干上，并且与主枝的结合比较牢固，而且负载量大，不容易劈裂。一般主枝斜向延伸，侧枝则着生在主枝的外侧，并且主从分明，结果枝的分布比较均匀。这种树形的树冠呈开心状，骨干枝比较少，间距大，内膛的光照条件好，枝组的寿命长，修剪量小，成形快，结果早，高产、优质。此外，骨干枝上有枝组遮阳，能够减少日烧。

2. **整形要点** 在第一年对其幼苗进行定植后，在距离地面 50～60 厘米处进行剪截定干。等到萌芽后，抹除整形带以下的芽，当主干的新梢长到大约 30 厘米时，选定方位、角度适宜的三大主枝，然后对其余的新梢摘心，将其培养成辅养枝。到秋季再根据角度和方位要求，进行拉枝调整。冬季修剪时，应该根据主枝长势的强弱，采用弱枝轻剪、强枝重剪的修剪方法，分别将其剪去 1/4～1/3，一般不会超过 1/2，剪口留外芽，第二芽、第三芽留在两侧。对于直立型的品种，也可以用二次枝来代替原头。

到了第二年，夏季主枝长到大约 50 厘米时，应该在 30 厘米处留外芽摘心。如果副梢过密，应该适当地进行疏除，当副梢长到大约 40 厘米时，再对副梢进行摘心。冬季对主枝延长枝应该在保留 40～50 厘米处进行剪截，同时再选留侧枝，侧枝与主枝的分枝角度为 50°～60°，而且向外斜侧延伸，剪留的长度要短于主枝延长枝。疏除影响主、侧枝生长的枝以及过密枝，对其余有空间的发育枝进行短截，以培养成为结果枝组；对空间小的发育枝进行缓放，以促进其成花。

到第三年，夏季主枝新梢长到 50～60 厘米时进行摘心，在新萌发的副梢中选择主枝的延长枝和第二侧枝,第二侧枝和主枝分枝角度为 40°~50°,两侧枝的间距为 30~50 厘米。其余枝条长到大于 30 厘米时进行摘心,以促使其成花。若夏剪没有培养出第二侧枝,在冬季修剪时应该选留第二侧枝,具体要求与上年相同。用副梢培养侧枝时,剪留长度应该短于主枝的剪留长度。以后可以参照上述方法来培养第三侧枝。

(二)"Y"字形

"Y"字形又叫两主枝自然开心形。其主干高 40~50 厘米,在主干上着生两个主枝,这两个主枝向相反的方向伸向行间,主枝的开张角度为 50°~60°。该树形比较适合宽行密植,株与株之间的距离为 0.8~3 米,行距为 2~6 米。若株距在 2 米以下,就不需要配备侧枝,而在主枝上直接着生结果枝组;如果株距在 2 米以上,可以在每个主枝上配置侧枝 2~3 个,第一侧枝距离主干大约 50 厘米,开张的角度为 60°~80°,第二侧枝与第一侧枝相对并且保持 40~60 厘米的间距(图 4-31)。

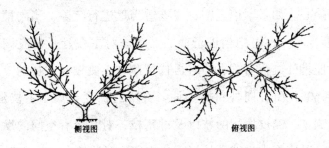

侧视图　　　　　　　　俯视图

图 4-31　桃树"Y"字形

"Y"字形,树体的结构比较简单,主枝的分布比较合理,而且主枝前后势力比较均衡,能够充分利用空间和光照,使果园的通透性好，有利于果实的高产、稳产。

（三）主干形

主干形的树体结构：主干高 30~40 厘米，两边着生两大主枝并伸向行间，两个主枝的开张角度为 40°~50°，在每个主枝上着生侧枝 2~3 个，在主枝与侧枝上配置结果枝组和结果枝。主干形的特点是：比较容易整形，主枝长势一致，而且通风透光良好，骨干枝比较少，结果枝组和结果枝比较多，枝组紧靠骨干枝，树冠比较紧凑等。主干形是目前在密植桃园中应用较多的一种树形（图 4-32）。

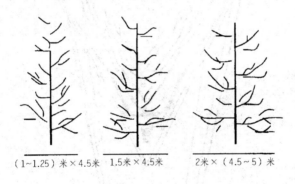

（1~1.25）米×4.5米　　1.5米×4.5米　　2米×（4.5~5）米

图 4-32　桃树主干形树体结构示意图

主干形大多采用有架式栽培，将其中心干与部分大型结果枝组绑缚在架上。由于冠内的结果枝大多呈水平状态，而且各部位的光照条件良好，因此，果实的品质比较好，但是建园的成本高。由于主干形的栽植密度大，所以要求树冠比较矮小，因此，栽培主干形一定要注意控制植株旺长。

(四) 塔图拉双臂篱形

塔图拉双臂篱形的主干高大约 30 厘米，主干上着生两个主枝，这两个主枝方向相反伸向行间，没有侧枝，在主枝上直接着生各类结果枝组。沿着其行向架设 V 形双臂篱架，两臂间夹角约为 60°，在两臂上各设置铁丝 4~5 根，将主枝以及部分结果枝组绑缚在铁丝上（图 4-33）。

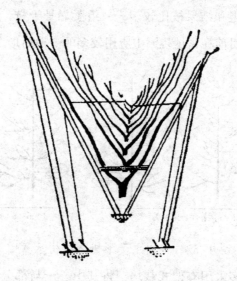

图 4-33 桃树塔图拉双臂篱形树体结构示意图

塔图拉双臂篱形比较适合密植栽培，株距为 0.8~2 米，行距为 4.5~6 米。植株的光照条件良好，枝条分布比较均匀，容易在早期丰产。

(五) 纺锤形

桃树的纺锤形与苹果的自由纺锤形相似，属于桃树的一种新树

130

形，目前已经在一些地区开始应用。

1. 树体结构 纺锤形的中央领导干较强而且直立。在中央领导干上均衡排列 8~12 个小主枝，且呈螺旋状，主枝间距大约为 20 厘米，并且向四周自然延伸，下大上小，没有明显的层次，主枝与中央领导干的夹角为 80°~90°，中央领导干与主枝的粗度比例为 1：（0.3~0.5）。在小主枝上配置结果枝组和结果枝。根据桃树栽培的密度来确定中央领导干的高度与主枝的长度。

纺锤形的特点是：中央邻导干的直立性比较强，其上的小主枝的生长势也比较均衡，小主枝的水平长度是从上到下逐渐增大的，构成阔圆锥形的树体。纺锤形能够充分利用空间，以实行立体结果，而且产量比较高，比较适合密植的桃园整形。由于桃树的干性比较弱，不太容易培养成直立强壮的中央领导干，因此在进行整形时必须采取扶持中央邻导干的方法，如扶直中央邻导干，对主枝环割或环剥、拉枝开角、立杆引绑等，使侧生小主枝的生长得到抑制，以促进中央领导干的生长，来保持中央领导干的生长优势。

2. 整形要点 对桃树的苗木进行定植后，应于春季在饱满芽处定干，并且在预备发枝的芽上刻芽。等到萌芽后，将主干上低于 50 厘米的萌蘖及时抹除。当新梢长到大约 30 厘米时，应该选择生长比较直立，并且位置居中的新梢作为中心干，并且进行立杆扶直，以保持其生长优势。与此同时，要根据树形的要求来选择主枝，并且进行拿枝开角，以控制其旺长。疏除主枝上萌发的比较旺的副梢，将弱的保留并培养成结果枝组。进行冬季修剪时，要在中心干的饱满芽处剪截，并继续对中心干刻芽，以培养主枝。对于上一年培养的主枝，将较弱的进行短截，以促其向前延伸，对中庸的主枝进行缓放，对过强的主枝在其基部留 2 芽处进行短截，以重新培养主枝，来削弱其生长势。夏季修剪同上年一样。以后应依次进行，使树体逐渐达到要求的高度。

（六）改良纺锤形

改良纺锤形是近几年应用在桃树上的一种新树形。此种树形实际上是三大主枝开心形和纺锤形两种树形的组合。

1. **树体结构**　改良纺锤形的树高为 2.5～3.0 米，干高为 40～50 厘米，在主干上着生着三个势力均衡的主枝，并且主枝之间的间隔为 10～15 厘米，各个主枝的方位角大约为 120°，开张角度大约为 70°，在每个主枝上配备侧枝 2 个或者直接培养大型的结果枝组。在三大主枝以上的中干上配备单轴延伸的小主枝 6～8 个，不分层而且呈螺旋状着生，下部的稍微长些，上部的稍短一些。整个树冠的下部呈盘子形，而上部则呈纺锤形。改良纺锤形的特点是：下部有三大主枝，树体牢固而且稳定。上部的中心干小主枝上配置结果枝组，实现了立体结果，既能够提高果实的产量，又能减少主枝日烧。当树体开始变得衰弱，而且下部变弱时，应该将上部除去，仅将下部的三大主枝保留，改造成为三大主枝开心形。

2. **整形要点**　在桃树的幼苗定植后，在距离地面 60～70 厘米处进行定干。等到萌芽后，抹除整形带以下的芽，当新梢长到大约 20 厘米时，及早按照方位、角度，来选定位置适宜的三大主枝，选好后重点培养，对于其余新梢可以进行摘心将其培养成辅养枝，并且注意将其作为中心干的新梢进行培养。此外，还要通过立干引绑、扶直中心干的措施，促使中心干直立旺盛地生长。一般当年就能完成三主枝一中心干的整形任务。在第二年开始在主枝的两侧培养侧枝与结果枝组，与此同时，在中心干上间隔10~15厘米来交错培养小主枝。如果第二年没有达到要求，可以在第三年继续进行。

三、修剪时期

1. 春季修剪　一般从萌芽到坐果后进行春季修剪。春季修剪的任务主要包括：抹芽疏梢，将过密的、无用的、内膛徒长的新梢除去，将剪口下竞争的芽或者新梢除去，对生长健壮的芽或者新梢进行选择性保留；调整骨干枝延长梢，对冬季修剪时长留的结果枝，将前部未结果的缩剪到有果部位，疏除未坐果的果枝或将其缩剪成预备枝。

2. 夏季修剪　一般夏季修剪可以进行两次。在新梢旺长期进行一次，主要任务是疏除竞争枝或者扭梢，将细弱枝、密生枝、下垂枝疏除，改善光照条件，以节省营养；对于旺长枝和准备改造利用的徒长枝，可以剪梢促发二次枝或者留5~6片叶摘心，培养成枝组；对达到要求长度的骨干枝可以将先端主梢修剪留下副梢，促发分枝，使角度开张，以缓和生长势；对于其他的新梢，可以在长到20~30厘米的时候，通过摘心来培养结果枝组。在6月下旬至7月上旬再进行一次修剪，主要任务是控制旺枝的生长，通过拿枝、拉枝等方法来控制还未停止生长的枝条，但要注意修剪量不要太重。

3. 秋季修剪　秋季修剪也叫晒条，通常在8月上中旬进行，主要任务是将过密枝、病虫枝、徒长枝疏除。对于摘心后形成的顶生丛状副梢，将上部的副梢剪掉，留1~2个下部的副梢，从而使光照条件得到改善，以促进花芽的分化与营养的积累。同时还要注意通过拉枝来调整骨干枝的角度、方位以及长势。对还没有停止生长的新梢进行摘心，促进枝条的充实，以提高抗寒能力。

四、整形修剪

现代桃树的生产一般要求早更新、早结果、优质、高产、稳产，大多在盛果期末对桃树进行全园更新。桃树在生产园的生长时期只有幼树期、初果期以及盛果期。

（一）幼树期树的整形修剪

幼树期树的整形与修剪一般在定植后 1~3 年内进行。这个时期的特点是生长比较旺盛，而且顶端优势明显，有大量的徒长枝，而且枝条比较紊乱。幼树期主要是从定植开始，到树冠达到预定的大小为止。幼树期的营养生长比较占优势，而且树冠不断地扩大。刚开始时，发育枝、徒长性果枝、长果枝和副梢比例较大，但是花芽的数量比较少，起始的节位比较高，坐果率比较低。但是随着时间的推移，结果枝比例开始逐渐增大，花芽的起始节位开始逐渐降低，并且数量也在不断地增加，产量逐渐上升。等到幼树期结束时，桃树的果实产量能够基本上达到盛果期的水平。

桃树在这一时期修剪的主要任务是选留好骨干枝，尽快将树冠扩大；迅速培养各种类型的果枝，中、长果枝和副梢果枝要多留，以促进早期丰产。因此，修剪上主要是轻剪长放。按树形的要求应该将骨干枝的延长枝适当地轻剪长留。主枝延长枝的剪留长度为

50~70 厘米，为了调整主枝间的平衡，应该遵循强枝短留、弱枝长留的原则。侧枝的延长枝剪留长度应为主枝延长枝的 2/3~3/4，用外芽或者副梢来开张骨干枝的角度。将徒长枝、竞争枝、过密枝疏除，其余的枝条应该轻剪或者缓放，促进其结果，等到结果后再适当进行短截，以培养结果枝组。到了 6 月份，将无用的徒长枝和过密枝及时疏除，如果徒长枝有空间位置，可以留下部 1~2 个副梢进行剪截，没有副梢的，留大约 30 厘米进行剪截，以培养成结果枝组。扭梢或拉枝背上枝，促进其形成花芽并结果。

1. 定干　桃树的成品苗进行定植后，应在距离地面 60~80 厘米的饱满芽处定干。芽苗在定植后应该在接芽上方 0.5 厘米处进行剪砧，等到新梢长到 80~100 厘米时，在距离地面 60~80 厘米处进行剪梢定干。剪口下 30 厘米是整形带。

2. 主、侧枝的选留与修剪整形　等到新梢长到 30~50 厘米时应该选长势差不多、方向比较适合的壮枝当作主枝来培养。按照树形的要求，在 1~3 年内应在各主枝的部位选留侧枝。对于角度小的主、侧枝可以进行拉枝开角；对于长势比较旺的主、侧枝，也可在其延长枝长到大约 50 厘米时，利用背后芽摘心或者留背后的副梢剪梢以开张角度，促使骨干枝弯曲延伸，使其生长势得到控制。

冬季修剪时，主枝的延长枝应该剪留 1/2~2/3，如果主枝间不平衡，应该遵循"强短弱长"的原则来剪留，即强壮枝要留得短些，弱小枝要留得长些；侧枝应该从属于主枝，剪留长度通常为主枝的 2/3~3/4。为了开张主枝的角度，应在剪口芽处留背后芽。

3. 辅养枝的修剪　桃树的幼树期特别是栽植的 1~3 年内，树形比较小，枝条的数量少，叶子的数量也比较少，为了使枝条的光能利用率得到提高，增加有效的光合营养面积，辅养树体，增加其结果部位，促使桃树早结果、高产、稳产，如果空间允许，应尽量多保留整形带内发出的枝条，并将其当作辅养枝来对待，通过生长季进行摘心、拉枝以及冬季轻剪等方法来缓和生长势，以促使其成花结果。如果辅养枝影响主、侧枝的生长，应该根据空间的大小对辅养枝进行回缩或疏除。

4. 其他枝条的修剪

（1）抹芽　对桃树进行定干后，将整形带内的所有萌芽及时抹除。以后每年在春季萌芽后，将剪口下的竞争芽、双生芽、枝条上的背上芽以及无空间生长的芽及时抹除。如果花芽比较多，通常一个节位只保留一个花芽。进行疏花芽时，对于同一个节位上的花芽，应该遵循留大不留小、留下不留上的原则。

（2）疏梢　对于方位不当的新梢和没有控制住的直立旺梢进行疏除，对过密的新梢和病虫梢要进行间疏。

（3）拧梢　对有空间生长的旺梢，等到长到大约 30 厘米时，在其半木质化的部位进行拧梢，从而控制其旺长、促进花芽的形成，进而形成结果枝。

（4）摘心　对于有发展空间的新梢，在其长到 5~7 节时进行摘心，促进其发生分枝以形成枝组。对于有空间的斜生较旺的新梢，在其长到约 30 厘米时进行摘心，以控制旺长。7 月中旬对没有停止生长的新梢进行摘心，以促使枝条充实，从而提高其越冬能力。

（5）剪梢　对于有一定的空间而且分枝又比较低的直立梢和内膛，在基部留副梢 2~3 个进行剪梢。

（6）疏枝　主要是将直立旺枝和过密枝疏除，同向枝条的枝距

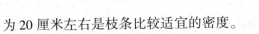

为 20 厘米左右是枝条比较适宜的密度。

（7）短截和缓放 对于留下的枝条，在第一年进行修剪的原则是"有花缓、无花短"，也就是说对有花芽的枝条进行缓放，而对无花芽的枝条应该留 20~25 厘米进行短截。等到第二年后，枝条基本上都能够形成花芽而成为结果枝，此时的修剪量应该相应地加大。通常长果枝要剪留 1/2~2/3，中果枝则剪留 2/3，短果枝和花束状果枝要进行缓放。相邻的枝条在短截时应该长短相间，防止齐头并进而导致相互密挤。

5. 结果枝组的培养与配置 为了提高产量和防止内膛光秃，应在幼树期培养结果枝组。

（1）枝组的配置 为了保证树冠内通风透光条件良好，枝组在骨干枝上的分布应该遵循"两头稀、中间密"的原则，即前部主要是中、小型枝组，中后部则主要是大、中型枝组；背上则主要是小型枝组，背后以及两侧以大、中型枝组为主。另外，中型枝组的间距应该保持在 30~40 厘米，对于大型枝组，其间距应该保持在 50~60 厘米，小型枝组要见空安排。枝组配置的总体要求是：通风透光，生长势比较均衡，从属比较分明，高低而有层次，波浪有序，不挤不秃，排列紧凑。

（2）枝组的培养 对于小型枝组可以在生长季对其新梢保留 20~30 厘米进行摘心或者在冬季对中、长果枝或者健壮的发育枝留 3~5 节进行短截，然后再扣顶挖心，留斜生的结果枝 2~3 个培养成小型枝组。对于中、大型枝组可以在冬季对发育枝、长果枝以及徒长性的果枝留 20~30 厘米进行短截，然后再去直留平、留斜，去强留弱和中庸，并且对所留枝条再适当地进行短截从而培养成中、大型的枝组。对于生长比较旺的枝条，可以先将其压弯，然后促使其在比较低的部位发枝，留斜生的结果枝，采用回缩、短截以及缓放等相结合的方式培养结果枝组（图4-34）。

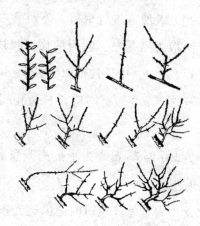

图4-34　桃树结果枝组的形成过程

（3）枝组内结果枝的更新修剪　为防止骨干枝下部光秃和结果部位外移，应对结果枝进行更新修剪。对于桃树的结果枝有三种更新的方法。

第一种方法是单枝更新。对于健壮的结果枝应该按照负载量留一定长度进行短截，使其在结果的同时还能抽生出新枝作为预备枝。进行冬季修剪时，应该选留靠近母枝基部的、发育比较充实的枝条当作结果枝，剩下的枝条连同母枝部分一并剪除，对于选留的结果枝仍然按照上述的方法进行短截（图4-35）。这种更新方法比较适合壮旺树。

第二种方法是双枝更新。在同一个母枝上，选留两个比较相近的结果枝，对其中的一个结果枝根据结果枝的要求进行短截，促使其在当年结果；另一个结果枝则要留2~3节进行短截而当作预备枝，促使其抽生新枝 2~3 个当作更新枝。进行冬季修剪时，将结过果的枝疏除，从发出的更新枝中再选留 2 个枝按照上年的修剪方法进行修剪（图 4-36）。以后每年都按照此种方法修剪。对于预备枝的留量应该根据长势和树冠部位的不同而有所区分，树冠上部以及强壮枝组可以少留，结果枝和预备枝应该按 2:1 的比例来配置；而树冠中部和中庸健壮的枝组可以按照 1:1 的比例来配置；内膛与衰弱枝组则以 1:2 的比例进行配置。此种更新的方法比较适合以中、长果枝结果为主的南方品种群桃树。

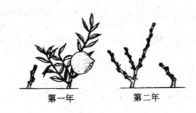

图 4-35　单枝更新修剪

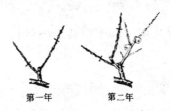

图 4-36　双枝更新修剪

　　第三种方法是三枝更新。即在同一个母枝上，选留相近的结果枝 3 个，对其中的一个结果枝按照结果枝的要求进行短截，促使其当年结果；对第二个结果枝实行缓放以促使其萌生比较多的短枝；而对第三个结果枝应该留 2~3 节进行短截而作为预备枝，从而使其抽生 2~3 个新枝当作更新枝。进行冬季修剪时，应将结过果的枝疏除，在缓放枝上应该选留几个比较健壮的短果枝用于下一年结果，对发出的更新枝再选留出两个枝，一个枝进行缓放，另一个枝进行短截，仍旧按照上年的修剪方法修剪，促使其轮流结果。这种更新的方法比较适合以短果枝结果为主的北方品种群桃树。

在实行双枝更新或三枝更新的修剪方法时，选留预备枝应该遵循"留下不留上、留里不留外、留壮不留弱"的原则。

（二）初果期树的整形修剪

桃树的初果期是从第一次结果到有一定的经济产量为止。这一时期的主要特点是树冠的骨架基本上形成，出现大量的结果枝，并且以长果枝为主，短果枝与花束状果枝相对较少。但是外围发枝多，生长较旺，会对树体的光照和骨干枝上各类果枝的生长造成不良影响。初果期修剪的主要任务是：

1. 主、侧枝修剪　应根据桃树的长势区别对待主、侧枝延长枝的剪留长度，旺枝要长留，弱枝则适当地进行短留，并且注意应继续开张角度。

2. 结果枝组的培养　利用桃树的发育枝、徒长性果枝以及长果枝来培养大、中、小型结果枝组。对于中、大型结果枝组，选用生长旺盛的枝条留 5~10 节进行短截，以促发分枝，在第二年要留 2~3 个枝进行短截，其余的全部疏除，经过 2~3 年就能培养成中型结果枝组，过 3~4 年便能培养成大型结果枝组。可以利用健壮的枝条留 3~5 节进行短截，使其分生 2~4 个健壮的结果枝，即可培养成小型结果枝组。对于空间比较少的地方，也可以采用缓放的方法，来培养单轴延伸的结果枝组。

3. 结果枝的修剪 对结果枝适当地进行轻剪长留，通常长果枝与中果枝留 2/3~3/4 短截，短果枝应该在叶芽处进行短截，若没有叶芽则不进行短截；疏除过密、过弱的花束状果枝，不对其进行短截。对于主要靠短果枝和花束状果枝结果的品种，对其中、长果枝也要缓放不剪，等到缓出短果枝和花束状果枝后再进行回缩。

4. 无用枝的修剪 将无用的徒长枝、竞争枝以及过密枝及时疏除。

（三）盛果期树的整形修剪

桃树的盛果期主要是从大量结果开始，经过一定时期的高产期直到产量开始下降为止。在这一时期，桃树的主枝逐渐开张，生长势逐渐缓和，树冠达到了最大限度，各类枝组比较齐全，已经完成了整形工作。徒长枝与副梢已经明显减少，结果枝则大量增加，短果枝的比例上升，果实的产量和果实的品质也逐渐提高并达到了最高水平，在维持一定的时期以后，其产量与品质开始逐年下降。进入盛果期，生长与结果的矛盾变得突出，内膛小枝与树冠中、下部的结果枝组也逐渐地衰老死亡。盛果期属于桃树一生中产量最高、果实品质最好的时期，因此，盛果期又叫桃树的"黄金时期"。

盛果期修剪的主要任务是：使各主枝之间生长势比较均衡，并且能够保持良好的从属关系，调整枝梢的密度，控制好树体的大小，使树体结构与群体结构能够得到很好的保持；注重结果枝组的更新和培养，调节好生长与结果之间的矛盾，防止树体出现早衰、内膛光秃和结果部位外移的现象，维持好中庸健壮的树势与较强的结果能力，尽量使经济结果的年限延长。

1. 主枝的修剪　桃树到成龄期以后，树冠的大小已达到预定的要求，不需要再扩大树冠，应该采用缩放结合的方法来维持树的生长势与树冠大小，即在桃树健壮时进行缓放；在其过旺时将其回缩到背后枝或者背后枝组处并促使延长枝结果，控制长势与向外扩展；等到其衰弱时回缩到后部壮枝处或者角度比较小的壮枝组处，并且对延长枝在留 30~50 厘米处进行短截，维持一定的生长势。在对其进行修剪的同时，还应该使各主枝之间保持平衡。对于生长势比较强的主枝应该多留果枝及果，少留壮枝；对于生长势比较弱的主枝应该少留果枝及果，多留壮枝，在延长枝的剪口处留壮芽。

2. 侧枝的修剪　修剪侧枝时既要考虑侧枝与主枝的从属关系，又要注意在同一主枝上不同的侧枝间以及侧枝本身前后的平衡。对于有空间发展的可以通过短截延长枝，来使侧枝继续扩展，并且通过调整角度和延长枝的生长势来维持健壮。对于前旺后弱的应该将前部旺枝疏除，以中庸枝带头。对于前后都弱的，则选择壮枝来带头。对于那些没有空间可发展的衰弱侧枝，可以将其改造成为枝组。

3. 结果枝的修剪　长果枝应该留 5~8 节花芽进行短截，中果枝则留 3~4 节花芽进行短截，对于健壮的短果枝和花束状果枝要实行缓放，将过密和过弱的结果枝疏除。由于徒长性果枝的坐果率比较低，如果其他结果枝够用，应该将其疏除，如果需要保留，应该留 9 节以上的花芽。

4. 结果枝组的更新修剪　对枝组的修剪应该坚持培养、结果、更新相结合的原则，尽量使其在结果的同时能够抽生良好的新枝，促使其年年结果、有预备，使枝组在相当长的时期内都能拥有良好的结果能力，以促进其高产、稳产、优质。当结果枝组的发枝率比较低，抽生的枝条比较细弱或者花束状的结果枝、叶丛枝比较多时，说明结果枝组已经开始衰弱，需要及时对其更新，以促使中、下部发出健壮的新枝。对于小枝组一般采用回缩的方法，促进其紧靠骨干枝，自基部疏除过弱的小枝组。若大、中型结果枝组出现过高或者上强下弱的现象，应该对其进行轻度回缩，以降低其高度，促使其下部萌发壮枝，并且以结果枝当头，从而限制其扩展。对于远离骨干枝的细长枝组，应该及时进行回缩，促使其后部发出壮枝。对于高度适宜但是又不弱的结果枝组，应该将其旺枝疏除，不进行回缩。

大、中、小型结果枝组之间能够相互转化。对于生长健壮而又有空间结果枝组，可以通过培养来将其范围扩大，小型结果枝组能够发展成中型结果枝组，中型结果枝组又可发展为大型结果枝组；生长比较衰弱而且又没有空间的大型结果枝组能够压缩成中型结果枝组，中型结果枝组可以压缩成小型结果枝组。对于有空间的以及准备疏除的衰弱结果枝组附近的新枝，应将其及时培养成结果枝组，以防止出现光秃的现象。

5. 树冠外围枝条的修剪　及时将外围的过密枝、先端旺枝疏除。有些树冠超出了预定大小，应该通过疏枝和回缩及时将行内的株间交叉枝清理掉，将伸向行间的超出部分剪除，从而改善整个果园和植株的光照条件，复壮内膛的结果枝组。

6. 树冠内部枝条的修剪　对于树冠内部枝条应该加强夏季修剪。萌芽后及时将过密芽、疏枝口处的萌芽抹除，将过密枝特别是背上旺枝疏除，保持比较适宜的枝条密度。对于内膛的衰老枝组或者枯死枝附近发出的新枝可以通过摘心、剪梢或者冬季短截而培养

成结果枝组，避免出现内膛光秃的现象。

（四）衰老期树的整形修剪

桃树在衰老期，果实的产量明显下降，而且骨干枝延长枝的生长量也开始减少，还不到20~30厘米。这一时期短果枝和花束状果枝大量增加，而长、中果枝的比例开始下降，结果部位外移。

衰老期修剪的主要任务是：第一，回缩骨干枝。通常在3~6年生部位进行缩剪，压上促下，以刺激生长。第二，利用徒长枝。桃树在更新后一般会抽生一定数量的徒长枝，对于着生在树冠外围的徒长枝应该逐渐将其培养成骨干枝，重新将树冠扩大。对于树冠内的徒长枝，可将其培养成大、中型结果枝组。第三，更新现有的枝组，继续维持其结果能力。第四，对结果枝进行重截，要多留预备枝。

第五节 杏树的整形修剪

一、生长结果习性

(一) 芽及其类型

1. 叶芽　杏树的叶芽着生在枝条顶端和叶腋间，比较瘦小。着生在枝条叶腋间的单叶芽呈三角形，基部比较宽。叶芽在萌发后抽枝长叶。杏树的萌芽率比较低，因此，具有大量的潜伏芽。

2. 花芽　杏树的花芽属于纯花芽，主要着生在枝条的叶腋间。花芽肥大而且饱满，呈近圆锥形，萌发后开花结果。绝大多数杏树品种，一个花芽只开一朵花，只结一个果。

杏树的芽在枝条上的着生方式类似于桃树，在一个节位上有很多着生类型。在一个节位上只着生 1 个芽的叫作单芽，如果是叶芽就称作单叶芽，如果是花芽就称作单花芽。通常在中、长果枝的顶部和基部以及副梢顶部着生的单花芽比较瘦小，坐果率比较低。在一个节位上着生 2 个及多于 2 个的芽叫作复芽。比较常见的复芽类型是中间有 1 个叶芽、两侧各有 1 个花芽，或者在中间有 1 个叶芽、一侧有 1 个花芽，也有三花芽、四花芽等类型。一般含有花芽的复芽又叫作复花芽。单芽及复芽的数量、比例，以及着生部位受杏树的品种、营养状况、枝条类型和光照条件等因素的影响。通常情况下，长果枝的上部与短果枝各节位的花芽属于单花芽，单芽多位于中果枝的上部和基部，中部多为复芽。在同一个品种中，结果枝越长，复花芽的数量也就越多，二者呈正相关的关系。

若杏树受光不良，在其枝条上就会形成盲节，其盲节与桃树的盲节一样，盲节处没有芽原基，不抽生枝条。

（二）枝及其类型

1. 营养枝　按照杏树生长的年龄，可将其分为新梢、一年生枝、二年生枝以及多年生枝。根据杏树枝段的萌发时间，可以将杏树的新梢分成春梢、夏梢和秋梢。根据杏树的长势可将其枝条分成发育枝和徒长枝。发育枝一般是由一年生枝的叶芽或者多年生枝上的潜伏芽萌发形成，生长比较旺盛，其主要功能是形成树冠的骨架，还可以用来培养结果枝组。而徒长枝就是生长过于旺盛的营养枝，徒长枝大多由背上芽和潜伏芽萌发形成，这种枝大多直立生长，节间长，叶片比较大而且薄，组织不够充实，而且容易形成"树上树"，严重扰乱树形，遮光挡风，因此，在幼树时期应该多将其疏除。

2. 结果枝　根据杏树结果枝的长度可将其分成长果枝、中果枝、短果枝和花束状果枝四种（图 4-37）。长果枝的生长比较旺盛，其长度大于 30 厘米，长果枝的花芽主要着生在枝条的中上部，质量比较差而且坐果率低，因此，长果枝不适合做杏树的主要结果枝，可以将长果枝用于扩大树冠或者通过短截将其培养成枝组。中果枝的长势中庸，长度在 15～30 厘米，发育比较充实，复花芽数量多，而且花芽比较饱满，坐果率较高，中果枝是初果期树的主要结果枝，在结果的同时顶芽还能抽生新梢，形成新的中、短果枝，从而成为第二年的结果枝，并且连续结果。短果枝的长度在 5～15 厘米，花芽比较饱满，而且坐果率比较高，短果枝是盛果期树的主要结果枝。花束状果枝的长度小于 5 厘米，花芽比较充实，坐果率高，属于盛果期树和衰老期树的主要结果枝。短果枝与花束状果枝，除了顶芽是叶芽外，其余的各节都是花芽，短果枝在结果后的抽枝能力比较差，花束状果枝结果后容易枯死。

图 4-37　杏树的结果枝

（三）生长结果习性

1. **芽具有异质性，顶端优势比较明显**　杏树的芽具有异质性，大部分鲜食杏品种的顶端优势比较明显。杏树的异质性主要是由于芽的形成时间以及形成时的营养状况不同所造成的。在自然生长的条件下，其枝条顶部的芽萌发能力最强，抽生的枝条也最壮、最长，越往下，其芽的萌发能力与成枝能力越弱，枝条开张的角度也越大。进行修剪后，一般在剪口下抽生长枝 1~3 个，以及中、短枝 2~7 个，在其基部的芽多不萌发，从而形成潜伏芽。直立枝条上的芽生长势要比水平枝上的芽强。了解了这些特性，才能对杏树进行正确整形和修剪。

2. **成枝力比较弱，萌芽率因品种而不同**　杏树与其他核果类果树相比，成枝力比较弱，大多在 15%~65%。但是如果修剪过重，就能够使成枝力达到 80% 以上。若杏树生长在山区和瘠薄土壤中，其养分和水分比较缺乏，芽的萌发能力与成枝能力也比较弱。鲜食杏品种的萌芽率比较低，一般在 30%~70%；仁用杏萌芽率比较高，对其长枝进行缓放或者短截后，大部分的芽都可以萌发，只有在基部的少数芽由于不萌发而形成潜伏芽。

3. **芽具有早熟性**　杏树的芽可以一年多次发枝，与桃树类似。枝条上的侧生腋芽在形成的当年，如果条件比较适合就能够萌发抽生副梢，甚至能够形成二次、三次副梢，在副梢上能够形成花芽，到第二年就可以开花结果。因此，可根据这一特性，有选择地利用副梢来培养骨干枝与结果枝组，加快整形并促进树冠的形成，使其提早进入结果期。

4. **潜伏芽寿命长，植株的寿命也长** 杏树的潜伏芽寿命比较长，一般能够达到20~30年，多的甚至能达百年之久，当杏树受到修剪等外界的刺激时，就能够萌发抽枝。由于潜伏芽的寿命长，对杏树的更新和复壮十分有利，因此，植株寿命也比较长，其寿命通常为40~60年。若土肥水条件良好，树龄能够达到200年以上。

5. **成花较易，结果早，结果年限长** 杏树属于容易成花的树种，在嫁接苗进行栽植后的2~3年就能够开始结果。在进入结果期后，结果枝的数量会明显增多，而营养枝的数量明显减少。等到盛果期之后，那些受光良好的枝条基本上都能够成花而形成结果枝，而且花芽能够布满整个枝条的上下各节，即使是二次枝和细弱枝也能够形成花芽。杏树的结果年限比桃树和樱桃等核果类果树要长，其经济寿命能够达到40~50年。若管理水平较高、条件比较适宜，其盛果期能够延续得很长，如陕西省华县柳枝乡的接杏，寿命可长达150年，单株的产量高达500千克。

6. **以短果枝和花束状果枝结果为主** 在四种结果枝的类型中，杏树的短果枝和花束状果枝结果能力比较强，这是由于在不同类型的枝条中，短果枝比较早停止生长，而积累养分也早，花芽比较饱满，败育花的比例小，坐果率较高。

7. **开花量大，但是落果严重** 虽然说杏树容易成花，每年花的数量都很大，但由于各种不同的原因，坐果率特别低。第一个原因是由于杏树开花比较早，在我国广大产杏的地区，在其开花时常常会遇到寒流或者大风降温的天气，形成晚霜，对杏树的花朵和幼果造成很大的伤害，导致花、果脱落；第二个原因是大部分杏的品种自花结实率特别低或者自花不实，如果在同一个杏园内只栽植单一的自花不实杏树品种，往往会因为不能受精造成大量的落花落果；第三个原因是杏树有雄蕊高于雌蕊、雄蕊和雌蕊等高、雄蕊低于雌蕊以及雌蕊退化四种类型的花（图4-38）。前两种花能够正常结果，而雄蕊低于雌蕊的花只有在辅助授粉的情况下才能够结实，雌蕊退化的花没有结果的能力。

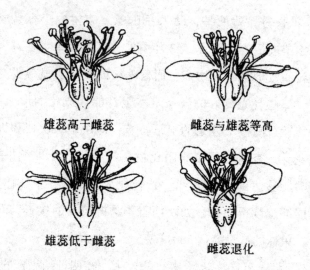

雄蕊高于雌蕊　　　　雌蕊与雄蕊等高

雄蕊低于雌蕊　　　　　雌蕊退化

图4-38　杏树的花形

四种不同类型花数量的多少以及所占比例的大小，与杏树的品种、树龄、树势、结果枝类型、营养状况以及管理水平等均有着非常密切的关系。对前两种花来说，仁用杏品种的比例要比鲜食品种的大；而在鲜食品种中，丰产品种的比例要比低产品种的大。在同一个品种中，杏树的幼树、旺树、老树、弱树以及粗放管理的树，其雌蕊退化花的比例大；中、长果枝的雌蕊退化花要比短果枝的多，特别是生长过旺的徒长型果枝上的雌蕊退化花的比例会更大；在秋梢上的雌蕊退化花要比夏梢上的多，夏梢上的雌蕊退化花又比春梢上的多；树冠的内膛与下部受光不良枝条上的雌蕊退化花要比外围枝上的多（表4-1）；粗度或者长度比值比较大的枝条，其雌蕊退化的花比较少。因此，对杏树培养短而粗壮的结果枝，能够提高其花芽质量，使雌蕊退化花比例降低。

表4-1　影响仰韶黄杏雌蕊败育率的因素

项目	果枝类型			树势		树冠不同部位的果枝		
	长枝和超长枝	中果枝	短果枝	强旺树	中庸树	冠内	冠中上部	冠外围
雌蕊败育率/%	90.0	75.9	41.5	71.2	52.8	56.9	43.8	38.0

花芽分化的物质基础是树体内营养水平。根据实践，对杏树合理地进行整形修剪，能够使树体的通风透光条件得到改善。控制植株的旺盛生长；保持比较适宜的结果量；再加强土肥水的管理，特别是采果后进行施肥灌水；严防病虫害，以保证叶片的完整和有较高水平的光合效能，使树体的营养水平得到提高，这样就能够很明显地降低雌蕊退化花的比例。

8. 喜光性强　杏树属于喜光性的树种，如果树冠郁闭、光照环境不良，会导致其中上部枝条徒长，而且枝条容易枯死，雌蕊退化花的数量增多，果实的含糖量比较低，果面着色也不好，果实的质量下降。因此，通过改善杏树的通风透光条件，使树体的受光量增加，能够保证树冠内外的枝条健壮生长，使雌蕊退化花的比例降低，有利于提高杏树的产量，促进其高产、稳产。

二、主要树形

（一）自然开心形

杏树的自然开心形树干高为 50~60 厘米，没有中心干，在其主干上错落着生有 3 个主枝，层内距离为 20~30 厘米，3 个主枝之间在水平方向上的夹角为 120°，主枝的基角为 50°~60°。在第一主枝上着生侧枝 2~3 个，在主枝和侧枝上培养的大、中、小型结果枝组错落分布（图 4-39）。

图 4-39 杏树自然开心形

自然开心形比较适合干性弱的品种，特别是在土壤瘠薄、肥水条件差的山区适宜发展的仁用杏品种，树体比较小，成形比较快，比较适合密植。仁用杏的结果早，通风透光条件良好，果实的品质比较好。但是仁用杏的主枝容易下垂，不方便进行树下管理，而且寿命也比较短。

（二）自然圆头形

自然圆头形的干高为 50~60 厘米，没有明显的中心干，上面错落着生 5~7 个主枝，不分层，分布比较均匀，在每个主枝上选留侧枝 2~3 个。相邻的两个侧枝分别位于主枝的两侧，相邻两个侧枝之间的距离为 40~60 厘米，然后在主枝和侧枝上配备各种类型的结果枝组（图 4-40）。

图 4-40 杏树自然圆头形

自然圆头形一般比较适合直立性较强的品种。自然圆头形主要是在自然生长条件下，经过稍微的调整而形成的，其修剪量比较小，而且成形比较快，结果也比较早，丰产性较强，比较适合进行密植和旱地栽培。但是由于主枝不分层，后期容易造成郁闭，内膛的枝条很容易枯死而出现"光腿"的现象，导致结果部位外移，树冠的外围也容易下垂，在进行修剪时要注意。

（三）延迟开心形

延迟开心形的干高为 50~60 厘米，中心干较为明显。全树有主枝 6~9 个，主枝在中心干上分成三层着生，第一层有主枝 3~4 个；第二层有主枝 2~3 个，并且与第一层的主枝插空安排；第三层有主枝 1~2 个。第二层和第一层主枝之间的距离大约有 100 厘米，第三层和第二层之间的距离有 60~70 厘米，各个层的层内距为 20~30 厘米。在第三层主枝最上面的一个主枝处，将其以上的中心干部分疏除，从而形成开心形。在各个主枝上每隔 50~60 厘米应该选留一个侧枝，从而在主、侧枝上培养出各种类型的结果枝组（图 4-41）。

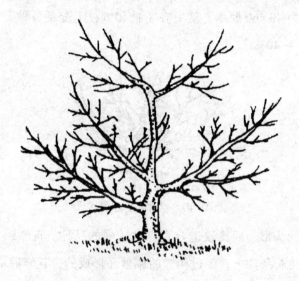

图 4-41　杏树延迟开心形

延迟开心形比较适合干性较强、树姿直立而且长势较旺的品种，在较为肥沃的土壤中栽培比较合适。由于延迟开心形的树冠比较大，因此，成形比较晚。但是主枝的开张角度比较大，进入结果期的时间比较早，而且主枝分布比较合理，结果部位比较多，而且产量较高。

（四）丛状形

对于一穴只栽植一株杏树的，应该在距离地面 10~30 厘米处进行定干，促使其在近地面处发枝，选择4~5个向四周伸展的健壮枝当作主枝，将中心枝疏除；对于一穴中栽植多株杏树的，应该将每株树当作一个主枝来对待，进行栽植后，应该在距离地面60~70厘米处定干。冬季修剪时，将直立徒长枝和过密枝疏除，对主枝延长枝要留30~50厘米进行短截，再剪口芽处留背后芽，使其角度开张，并促使其向外延伸。在每一个主枝上着生侧枝2~3个，全树一共有侧枝12~15个。第一侧枝距离地面60~70厘米，第二侧枝与第一侧枝之间的距离是40~50厘米，第三侧枝和第二侧枝的距离是30~40厘米。在主枝和侧枝上配备各种类型的结果枝组（图4-42）。

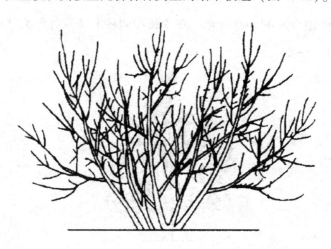

图4-42 杏树丛状形

丛状形的树体比较矮小，易于管理，进行更新复壮比较容易，而且通风透光条件良好，结果早，果实的品质比较好，比较适合在丘陵山区种植。

（五）疏散分层形

疏散分层形的干高大约为 60 厘米，中心干比较明显。全树有主枝 6~8 个分层着生在中心干上，第一层有 3~4 个主枝，在第二层上有 2~3 个主枝，在第三层上有 1~2 个主枝。第二层和第一层之间的距离为 80~100 厘米，第三层和第二层之间的距离为 60~80 厘米，各个层的层内距为 20~30 厘米。在第一层的各主枝上配备侧枝 2~3 个，在第二层各个主枝上配备侧枝 1~2 个，在第三层的主枝上不配备侧枝，在同一个主枝上，相邻的两个侧枝分别在主枝的两侧，两者之间的距离为 40~60 厘米。在主枝和侧枝上培养各种类型的结果枝组（图 4-43）。

图 4-43　杏树疏散分层形

疏散分层形比较适合用在干性较强的品种上，适合栽培在土层深厚、土壤肥沃的地方。疏散分层形层次比较明显，树冠比较高大，单株的产量高，但是成形和结果比较晚，栽植的株行距比较大。

（六）改良纺锤形

改良纺锤形的干高为 30~60 厘米，有中心干，全树有 6~8 个主枝，分成 3~4 层进行排列，每层有 2 个，层内的距离为 15~20 厘米，层的间距为 60~80 厘米。在主枝上不配备侧枝，在中心干和各个主枝上直接着生各种类型的结果枝组，树冠成形后的树高为 3~4米（图 4-44）。

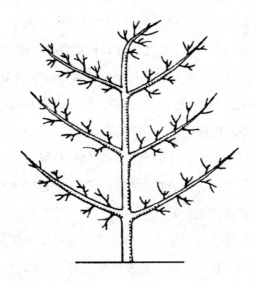

图 4-44 杏树改良纺锤形

改良纺锤形比较适合干性较强的品种。其树冠比较小，没有侧枝，骨干枝比较少，适合进行密植，容易早产、丰产，但是一定要注意控制好生长势。

三、整形修剪

（一）幼树期树的整形修剪

对苗木进行定植并经过缓苗期后，杏树的植株开始进入迅速生长的时期，新梢的生长量比较大，一般会抽生二次、三次副梢，树冠也在不断扩大。在其背上抽生的徒长枝很容易形成"树上树"，在主枝延长枝的剪口处很容易萌发竞争枝。杏树在定植后经过 2~3 年便开始开花结果，结果枝的数量也不断增大，产量逐年增加，但是其营养生长仍然比较旺盛。

杏树在幼树期的修剪任务是：选留和培养好主枝和侧枝，对骨干枝延长枝进行短截，迅速扩大树冠，以完成整形工作，并且培养牢固的骨架。在修剪上，宜轻不宜重，除了骨干枝以外，应该缓和其他枝条的生长势，以促进杏树早结果；通过夏季修剪来控制直立旺枝和竞争枝的生长势，防止形成"树上树"，在缺枝处开张角度，促使直立转变成斜生，使其形成有效枝；在不影响整形以及通风透光的情况下，应该尽量多留枝条，从而增加结果部位和辅养树体，促进产量稳步上升；应该采用综合修剪技术措施，来培养结果枝组，促使杏树早产、优质、高产、稳产。

1. 对杏树进行定干　定植后，应该根据树形的要求，在比较适合的高度定干，剪口以下的 30 厘米属于整形带。

2. 主枝与侧枝的选留和修剪　进行定干后，应该根据整形带内不同枝条的长势以及树形要求，选留方向比较适宜的壮枝当作第一层主枝，对于角度小的可以通过拉枝等措施对其开张角度。对于有中心干的树形，应该选择位于中心位置、直立向上生长的壮枝当作中心干来培养。由于杏树的顶端优势明显、萌芽率比较低、成枝力比较弱，为了增加有效枝的数量和完善主枝、侧枝的选留与培养，在以后的 2~3 年内，应对中心干的延长枝进行短截，以促其发枝，在比较适宜的地方选留第二层和第三层的主枝，并且通过对主枝延长枝的短截，选留各主枝上的侧枝。在树冠还没有达到预定的大小时，应该每年对其骨干枝延长枝进行短截，从而扩大树冠，增加分枝的数量。应该根据杏树的品种特性、成枝力的强弱、枝条的长短以及生长势来确定骨干枝的剪留长度，通常情况下，进行修剪应该遵循"长枝长留，短枝短留；强枝轻剪，弱枝重剪"的原则，最好是剪去骨干枝延长枝当年生长量的 1/3~2/5，为了开张角度，应该在剪口芽处留饱满的背后芽。为了促进树冠的形成，可以在 6 月份之前，在主枝和侧枝延长枝长到大约 50 厘米时留背后芽或者副梢进行摘心，从而开张骨干枝角度，以加快对骨干枝的培养。

选留和修剪主、侧枝，主要在于整形，这是杏树在幼树期的主要任务，但是在整形的过程中还必须考虑杏树的早期丰产，使整形、结果两不误，既要培养良好的树形和树体结构，又要形成数量充足的有效枝条，以促进早期丰产。因此，不能为了形成某种树形而过分强调骨干枝的位置，而将过多的枝条疏除，使杏树的丰产期推迟。

3. 辅养枝的修剪　如果空间条件允许，应尽量多留辅养枝，但是需要通过开张角度、夏季摘心等措施来缓和长势，促进其形成花芽并早结果。若辅养枝对骨干枝生长造成不良影响，应该将其分期、分批逐渐回缩或者疏除。

4. 树冠内其他枝条的修剪　处于幼树期的杏树生长势比较旺，在骨干枝上的直立徒长枝生长量比较大，如果放任其生长，则容易形成"树上树"，而且下部的侧芽不易萌发而造成光秃，因此，应及时将无空间生长和无利用价值的徒长枝疏除，防止其扰乱树形；对于那些有空间的徒长枝，则应该通过拉枝、捋枝等方法加大角度，以缓和长势，抑制其生长，促使其抽发分枝，以填补空间，并且将它们培养成结果枝组。将疏枝口处萌发的芽以及生长方向不合适的芽和背上旺长的直立芽及时抹除；将过密枝和影响内膛光照的交叉枝、重叠枝疏除，从而改善树体的光照条件。应该尽量多保留位置比较合适的中庸枝和小枝，方便形成花芽，促进其早结果，等到结果后再适当地进行回缩，以培养成中、小型结果枝组；对于有空间发展的一年生枝，应该通过短截来促其分枝，然后再根据空间的大小、枝条的长势及需要进行缓放或者回缩，从而培养成大、中型结果枝组。杏树的顶端优势比较强，而且萌芽率比较低，为了增加单位体积的有效枝量，可以对有空间的中庸枝进行适当短截。

实践表明，杏树一年生枝的萌芽量会随着剪截程度的加重而逐渐减少，二者呈负相关。萌芽率在剪去全枝的 15% 时最高（69.6%），这表明进行适当轻剪，将先端的一部分瘪芽剪除，就能够使下部的营养相对集中，从而提高萌芽率。但是随着剪截程度的加重，剪口下的饱满芽受到刺激后生长比较旺，下面的瘪芽就会受到抑制，而且杏树还是以短果枝和花束状果枝结果为主，因此，对于杏树的幼旺树，为了使其形成比较多的短果枝和花束状果枝，促进其早成花、早结果、早丰产，在进行修剪时应以轻剪为主。对短果枝和花束状果枝进行缓放；对部分细弱的中、长果枝进行中截，能够提高其坐果率，以促进分枝，防止出现早衰的现象；对于多年生的结果枝，可以在其下部的分枝处进行回缩，这样就能起到更新的作用，使结果年限延长；对于密挤处的结果枝应该根据"去弱留壮"的原则进行合理的留疏。

（二）盛果期树的整形修剪

杏树在进入盛果期后，树体的大小和树形结构已形成，但是随着树龄的增加，枝条生长量明显地减少了，生长势也渐趋缓和，包括徒长枝在内的新梢在当年基本上都能够形成花芽，并形成结果枝，树体大量结果，产量也逐年增加，并且逐渐达到最高，这一时期的生殖生长要大于营养生长；等到了中、后期，随着树冠下部枝条的渐渐枯死，树体抽生新枝的能力降低，结果部位渐渐外移，产量开始降低，而且会出现周期性结果现象或者大小年结果现象。这一时期的主要特点是花量比较大、结果较多、树势容易衰弱、枝条出现向心更新的现象。

盛果期的修剪任务是：在加强土肥水管理与病虫害防治的前提下，通过合理修剪，及时更新和培养结果枝组，使叶、花、果之间的关系得到很好的协调，调节好生长与结果的矛盾，维持树势中庸健壮，使盛果期的年限延长，以促进杏树的高产、优质、稳产。

1. 骨干枝的修剪 在修剪骨干枝时，应该根据骨干枝的长势来修剪。若骨干枝的延长枝生长比较旺或者处于中庸健壮的状态，则可以对其缓放不剪，促使其形成花芽并且开花结果，使生长势得到缓和并且能够稳定树冠的大小。若骨干枝连续延伸多年，随着结果量不断增加，其抽枝能力会逐渐减弱，应该对骨干枝的延长枝实行短截，通常将延长枝剪去枝长的 1/3~1/2，能够使其抽生壮枝、保持一定的长势，在这个前提下，下部能够形成良好的结果枝。若修剪太轻，则延长枝的抽生枝条会比较弱，这样很容易早衰；若对其修剪得太重，则会使上部抽生强枝比较多，下部形成的良好结果枝比较少，会对产量产生不利影响。对于比较衰弱的骨干枝，可以在后部的背上或者斜上强壮枝处进行回缩，促使其恢复长势。在盛果期后期，可通过回缩衰弱的侧枝，将其改造成大型结果枝组。

2. 结果枝的修剪　杏树在进入盛果期后，结果枝往往会偏多，为了使结果与生长的关系得到平衡，以维持树体的健壮生长，应该适当地留结果枝。否则，若是留量过多，当肥水供应不足时，就会造成隔年结果现象，尤其是鲜食杏品种，其果实肉厚且肥大，而且在其生长发育过程中消耗的营养比较多，此时结果枝的留量更不能过多。在保证树势健壮的前提下，对仁用杏品种可以适当地多留结果枝，重截发育枝，促使其不断抽生新梢，多形成结果枝，这样虽然果实小，但是核仁比较饱满，而且产仁量比较高。如果结果枝过密，可将一部分极弱的短果枝和花束状果枝疏除，而对留下来的长果枝进行适当短截，从而形成新的结果枝。解思敏等（1995）调查发现，对于平定大红袍光秃比较重的骨干枝进行回缩更新所形成的中、长果枝，其开花坐果情况与枝条上的芽位有密切的联系。对于生长较旺的长果枝与生长中庸的中果枝，应该以第 3~6 节复花芽坐果最宜。冬季修剪时，对骨干枝更新复壮后所产生的中、长果枝应该分别剪留 4~5 对和 5~7 对复芽，从而利用优质花芽开花结果。而中、短果枝与花束状果枝，在结果的同时只靠顶端的叶芽抽枝向外延伸，这样会造成结果部位年年外移，而且这些结果枝的寿命也比较短，在连续结果5~6年后，抽枝的能力便开始减弱，结果的数量也减少了，而且还容易衰弱枯死，从而造成光秃，因此，必须及时对其进行回缩更新。修剪过程中最好选择在基部有潜伏芽的粗壮处进行回缩，以促生分枝，重新培养花束状果枝，不然，抽生的枝条比较细弱，达不到更新的目的；如果下部有健壮分枝，最好是回缩到分枝处。

仁用杏主要靠短果枝结果，只有掌握形成短果枝的修剪方法，才能够取得丰产。对一年生枝进行短截后，在当年可萌发3~5个芽，形成2~3个生长枝，剩下的都是细弱枝。等到来年对该枝进行缓放后能够形成一串短果枝，到第三年结果，到了第四年可以将短果枝组进行适当回缩，以促进中下部短果枝继续结果，对上部形成的发育枝可以再缓放结果。如果连年对其进行短截，则不易结果。

3. 结果枝组的修剪　解思敏等（1994）研究报道，杏树在进入盛果期后，以二至三年生的结果枝组生长发育得最好，雌蕊败育率最低，叶片光合速率最高，坐果率最高，而且结的果实也最大，属于最佳的结果年龄。为了维持健壮的树势，实现杏树的优质和丰产，应该注意培养和利用二至三年生的结果枝组，对于五年生以上的结果枝组应该及时复壮更新。因此，为了促进杏树连年高产、稳产，应该注重对结果枝组的修剪，将老的结果枝组进行更新，还要培养新的结果枝组。对于多年结果、生长势衰弱的枝组应从基部回缩，促使其基部发出健壮的枝条，及时进行复壮更新。对于角度过大、衰弱的结果枝组，应该利用其中下部强壮的背上或者斜上旺枝换头，以抬高枝组的角度，使生长势逐渐增强。将冗长或者衰弱的

结果枝组进行回缩，将其回缩到多年生分枝处或者基部，促使其抽发新枝加以更新。

4. 其他枝的修剪 萌芽后及时将过密芽、疏枝口处的萌芽抹除，将过密新梢尤其是背上无空间的旺梢进行间疏，及时将树冠外围的先端旺枝、株间交叉枝和树冠内的细弱枝、枯死枝、病虫枝疏除，还要将树冠内的过密枝和重叠枝、并生枝进行间疏，从而使光照条件得到改善，复壮其内膛枝，提高花芽的分化质量。对于内膛衰老枝组或者枯死枝附近发出的新枝可以通过摘心、剪梢或冬季短截的方法将其培养成结果枝组，避免内膛光秃。从基部4/5处将树冠内的细弱枝进行重截，以促发壮枝。从健壮的抬头枝处将下垂枝进行回缩，从而增强生长势。对于骨干枝背上萌发的直立徒长枝，如果任其自然生长，则很容易形成"树上树"，从而扰乱树形，并且与骨干枝形成竞争，应该通过拉枝等措施来改变其生长方向，即由直立改变成斜生，使长势得到缓和，等到枝条生长到40~50厘米时，对其进行夏季摘心，以促生副梢；或者在冬季修剪时进行短截，将其培养成结果枝组。对于有空间的健壮发育枝，应该剪留20~30厘米，对比较弱的发育枝则应剪留15厘米，以促生分枝，从而形成新的结果枝组。在进行夏季修剪时，对于一年生的强旺新梢，应该根据周围空间的大小，在生长到30~50厘米时进行摘心，以促使其发出副梢，将其培养成结果枝组。

第五章

果树的
嫁接技术

<table>
</table>

第一节　果树嫁接概述

一、果树嫁接含义

所谓嫁接就是将两个植株部分结合起来，使其形成一个整体，并且成为一棵植株继续生长下去的一种技术。在嫁接中，树干下面的部分一般会形成根系，叫作砧木；而上面的部分一般形成树冠，叫作接穗。通过这种方式来繁殖果树，就是果树嫁接。在进行嫁接时，如果接穗是枝条，则称作枝接；如果接穗是一个芽片，则叫作芽接。

嫁接的方法有很多种，常用的嫁接方法有"T"字形芽接和枝接中的插皮接，从这也可以看出嫁接的过程。首先是培养砧木的根，然后从接穗上取下芽片，将其嫁接在砧木上，等到嫁接成活后，剪除接芽上部的砧木。接穗芽萌发后会生长成一棵新的果树，果树的根是砧木的根，树冠由接穗形成。枝接法则是从需要发展的果树上取下一段枝条，将其嫁接在砧木上，等嫁接成活后，接穗萌发生长会形成新果树的树冠，砧木便成为新果树的根系。

二、果树嫁接的意义

要想培植优良的果树，就必须采用嫁接法。那嫁接法到底有什么样的优势呢？

（一）保持、发展优良种性

如果果树用种子来繁殖后代，通常无法保持母体的原有特性。由于果树大部分是异花授粉植物，因此可利用不同品种花粉受精形成种子。这类种子具有父本和母本的双重遗传性，而其后代性状就会产生分离，就跟兄弟姐妹长得不一样是同一个道理。由于不同果树的生长情况、外部形态、产量、品质以及成熟期等各方面都有差异，因此在商品生产上就不可能达到一致性。

目前用种子繁殖的果树还有很多品种，如有些板栗产区，以前采用种子繁殖，其树体比较高大，有的丰产树能够产 50 多千克，但有很多劣种树只能产几千克，甚至不结果，这样的被称为哑巴栗树。有的栗子树从果实的大小看，有的很大，有的比较小，这样的被栗农称为碎栗子树。长期以来核桃树也主要靠种子繁殖，在同一棵树上结的核桃，在播种后，后代分离表现得比较明显。譬如，树形的大小存在差异；核桃的大小形状也不一样，有的呈椭圆形，有的是圆形；而且核桃外壳的厚薄也不一样，有的壳薄，出仁率达 60% 以上，有的壳比较厚，肉比较少，出仁率还不到 30%，还有夹皮核桃，无法取出整仁。为了保持果树母本品种的特性，将优良品种上的芽或者枝，嫁接在有亲和力的砧木上，由接穗生长出来的地上植株，由于是由母株的一部分生长而成的，因此具有和母本一样的优良特性，并且能够保持整齐一致。这种表现一致的群体叫作无性系，而这种繁殖方法也叫作无性繁殖，或称为营养繁殖。

对于果树研究单位培育出的优良品种，或者从国内外引进的优良品种，如果用嫁接方法，便能够保持其优良的遗传性，使优种得到发展。在生产上果农也能发现一些优良的变异品种，如用种子繁殖的果园中可能出现表现良好的优良单株，或者会在一棵树上出现性状优良的枝变。果农则可以用嫁接的方法对其进行繁殖和发展，培育出适合本地发展的优良果树品种。

就比如前面讲到核桃种子具有分离特性，如果选出壳薄、出仁率高、品质优良、能早期丰产的核桃树，将其枝芽进行嫁接，就能培育出优良的核桃品种。因此，嫁接是发展果树优良品种的好方法。

（二）实现早期丰产

不管是什么样的果树，用种子繁殖的，结果都比较晚，如南方的柑橘，北方的苹果，通常要经过 6~8 年后才能结果。之所以结果晚，主要是由于种子播种后所长出的新苗，必须等生长发育到一定的年龄后，才能够进入开花结果期。而嫁接树所采用的接穗，均为从成年树上截取的枝和芽，其已经具有较大的发育年龄，若将它们嫁接在砧木上，其成活后生长发育的阶段就缩短了，这样便能提早结果。若接穗带有花芽，嫁接树在当年就能够开花结果。此外，嫁接就如环状剥皮一样，能够使输导组织受阻，对地上部分营养物质的积累十分有利，因此也能够提早开花结果。由于每棵树的结果期提早，果园早期便能实现丰产。

以板栗为例，如果用种子繁殖，通常要等到 8 年以后才能开花结果，15 年以后才能够进入盛果期。如果用嫁接繁殖，则在接后的第二年就能开花结果，到第三年就进入盛果期。果树提早结果就能够提早获得经济效益。

（三）促进果树矮化

目前来说，在国内外丰产的果园大多数采用矮化密植的栽培技术，促使果树生长得比较矮小、紧凑，方便进行机械化的生产管理，这对提早丰产和提高果品质量十分有利。

如果将果树嫁接在不同砧木上，其生长量也不尽相同。举个例子，将温州蜜柑嫁接在甜橙或者酸橙的砧木上，则树势高大；若嫁接在枳砧木上，就能够使树冠矮化。若将优质的甜橙嫁接在宜昌橙上，会使其树冠极为矮化。如果梨树用榅桲作为砧木，就能够使树体生长矮小。欧洲甜樱桃可以用山东的莱阳野樱作矮化砧木。

对矮化砧木的研究应用在苹果树上最为明显，对此，英国的东茂林试验站做了大量工作，其收集了欧洲一带的苹果砧木 71 种并进行杂交选育，这些砧木称 M 系。通过嫁接的效果可以看出：M_8，M_9 属于矮化砧；M_1，M_2，M_3，M_4，M_5，M_6，M_7，M_{11}，M_{14} 则是半矮化砧；M_{13}，M_{15} 属于半乔化砧；M_{10}，M_{12} 则属于乔化砧，进行进一步杂交选育出的矮化砧有 M_{26}，M_{27}，MM_{106} 等，后 3 个与 M_9 在欧美国家应用最为广泛，尤其是 M_{26} 已经遍布全世界，在我国的应用也比较广泛。

几十年来，我国也选育出了很多苹果矮化砧，例如，山东青岛的崂山奈子嫁接苹果后，其树体矮小，而且结果早，产量高。十年生的"红星"苹果树高约 3.2 米，冠径约 5.5 米，而同龄的山荆子砧"红星"苹果树高达 5.2 米，冠径为 5.5 米。

（四）更新品种，改劣换优

很多果园在建园时由于品种的选择和搭配不当，导致品种比较混杂零乱。有的果树品种单一化，没有授粉树；而有些古老的果树品种品质比较差，无法满足市场的需求，而且这些品种抗病性差、成熟期太过集中、不耐贮运。随着科学技术的发展，科研单位不断培育出新的优良品种，很多果园需要将原有的老品种进行更新，将其发展成高产、优质、抗病虫害能力强、在市场上竞争能力强的果树新品种。但是由于果树的寿命比较长，少则十几年，多则上百年，如果太早砍掉会比较可惜，因此利用嫁接方法以优换劣，促使果树高接换种，是目前提高果品产量和质量的重要手段。

在我国广大农村地区，尤其是山区，野生果树资源比较丰富，可以将其嫁接成为经济价值高的果树。例如，山葡萄可以接优良葡萄新品种，酸枣可以接优质大枣，山桃可以接大桃或者李子，小山楂可以接大山楂（红果），山杏可以接生食杏和仁用杏（大扁），野板栗可以接板栗，野生猕猴桃可以接猕猴桃，海棠可以接苹果，黑枣可以接柿子，中国樱桃可以接欧洲甜樱桃（大樱桃）等。

（五）提高果树的适应性

采用嫁接法可以借助砧木的特性，使果树的抗寒、抗旱、抗涝、抗盐碱以及抗病虫害的能力得到提高。如将葡萄的良种嫁接在抗旱能力比较强的山葡萄或者"贝达"葡萄上，这样可以提高良种葡萄的抗寒性。我国北方地区，在冬天也只需要对其浅埋土，便能安全越冬，从而节省大量的劳动力。苹果树如果用山荆子作为砧木，能够提高其抗旱性，若用海棠树作为砧木则会比较抗涝，而且能够减轻黄叶病。将梨树嫁接在杜梨上，能够提高抗盐碱的能力，如果将西洋梨接在酸梨上，就能够减少干腐病。将甜橙嫁接在枸头橙上，能耐盐碱、抗旱、抗涝。

法国的桃树以及我国南方的桃树黄叶病比较严重，主要原因是缺铁。于是，法国的波尔多果树研究中心选育了 GF677 砧木品种，用于抗桃树的黄叶病。我国桃黄叶病重的地区也可以应用这个砧木品种。近几年来，我国从国外引进了抗盐碱的珠眉海棠，用来嫁接苹果树后能够提高其抗盐碱的能力，为以后利用盐碱地开辟了新途径。

由于我国存在大量土壤贫瘠的山地，因此，我国发展果树的方向便是果树上山。为了能提高果树的抗旱性和耐瘠薄性，应该选用能够适应山区生长的果树砧木，如山荆子可接苹果、杜梨可接梨、山桃可接桃、山杏可接杏、野山楂可接红果、山樱桃可接大樱桃、酸枣可接枣树等。其砧木根系比较发达，因此能够促进果树上山。

（六）挽救垂危的果树

果树的主要枝干或根颈部位，很容易受到病虫危害或者兽害，尤其易受各种腐烂病而引起树皮腐烂。一旦果树受害，就会使地上部分与地下部分的联系遭到破坏，如果抢救不及时，就可能会导致果树死亡。果树受害时，一般会使用桥接法，从而使上下树皮重新接通，挽救受害的果树。

此外，对于根系受伤或者遭到病虫鼠类危害而导致地上部分衰弱的果树，可以在它旁边另外栽一棵砧木，将这棵砧木的上端与果树接起来，能够增强树势，使其结果能力得到恢复。

对果树实行嫁接除了有上述优势外，在其他方面也有新的应用。例如盆栽果树，可利用结果枝组来作接穗嫁接，促使嫁接树在当年能够开花结果。利用植物的小茎尖不带病毒的特点，可以用试管苗对其进行茎尖微体嫁接，这样嫁接成功的果树苗就会不带病毒。这种方法已经成功地应用在柑橘、苹果等果树上，而且还能够培育出不带有害病毒的苗木。可以用嫁接的方法对果树是否已经脱去病毒进行鉴定。此外，嫁接虽然与杂交不同，但是有时候也能出现嫁接嵌合体。在砧木与接穗之间生长出来的枝条，能够形成嵌合体，即具有砧木与接穗的杂合细胞而组织形成的新个体，这在育种工作中有很重要的价值。

第二节 果树的嫁接方法

一、嫁接繁殖的原理

果树育苗的主要途径便是嫁接繁殖，嫁接繁殖主要应用于果园更新果树的品种，保存繁殖的材料，以及挽救伤残果树等。

嫁接成活的过程：对果树进行嫁接后，使用愈伤激素进行刺激，能够使砧穗削面的伤口周围形成愈合组织，使其充满砧穗切口空隙，愈伤组织细胞进一步分化，将砧穗双方的形成层连接起来，并逐渐分化，向外形成新的韧皮部，向内则形成新的木质部，沟通砧穗双方木质部的导管与韧皮部的筛管。具体的过程是：砧穗削面产生褐色保护膜→愈伤组织产生并连接砧穗→细胞分化连接砧穗形成层→形成层细胞分裂分化、砧穗输导组织（筛管、导管等）接通→木栓形成层连接砧穗融为一体。由此看来，嫁接成活的关键是砧、穗双方形成层对准密接。

二、影响嫁接成活的因素

1. **砧穗的亲和力**　砧穗的亲和力是指砧穗在内部组织结构、生理和遗传特性等方面差异的大小，差异大，则亲和力小，嫁接成活困难，反之则容易成活。

①嫁接时，同一品种或者同种之间亲和力最强，嫁接最容易成活，如板栗与板栗接，毛桃与毛桃接最容易成活。

②同属异种之间的嫁接亲和力会因为果树的种类而不一样，有的嫁接亲和力比较强，成活率也比较高，而有些则几乎没有亲和力，导致嫁接无法成活。如苹果接在海棠果、山荆子上，杏、中国李接在毛桃上，甜橙接在酸橙上，柿接在君迁子上，梨接在杜梨上等都属于亲和力较强，嫁接成活率比较高的组合。

③同科异属的亲和力比较小，应用也比较少，如柑橘接在枳上。

④在科间进行嫁接，目前还没有成功先例。

2. **生理与生化特性**　不同时期的嫁接树体有不同的生理生化反应，因此进行嫁接时，应该选择适合的嫁接时期、相应的嫁接方法，将嫁接速度提高，这样便能够促进成活。

3. **砧木与接穗的营养条件**　砧木与接穗如果贮藏的养分比较多，则容易成活。在嫁接时最好选用生长比较充实的枝条作为接

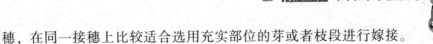

穗，在同一接穗上比较适合选用充实部位的芽或者枝段进行嫁接。

4. **环境条件** 嫁接时的温度一般以 20~25℃ 为宜，但不同树种及嫁接方式对嫁接时的温度要求还是有差异的。如葡萄室内嫁接的最适温度为 24~27℃；核桃嫁接后形成愈伤组织的最适温度为 26~29℃。愈伤组织的形成需要一定的湿度，在愈伤组织的表面保持一层水膜，能够促进愈伤组织的形成。在嫁接后用塑料薄膜包扎绑缚能够保湿，但不要浸入水中。某些树种愈伤组织的形成需要一定的氧气，如葡萄硬枝嫁接时，接口宜稀疏地绑扎，不需涂蜡。光线对愈伤组织的形成起减缓作用，如果嫁接后遭到强光直射会减缓愈伤组织的产生，而黑暗则会有促进作用。

5. **嫁接技术** 嫁接时砧木、接穗削面的平整光滑是其关键，要求削面平整、形成层对得准、绑扎紧，在进行操作时要迅速准确，即要求快（动作要快）、准（形成层要对准）、平（削面要平）、紧（绑扎要紧）、严（封口要严）。

(一) 砧木的选择

不同类型的砧木对气候、土壤环境条件的适应能力，以及其对接穗的影响都有明显差异。选择砧木需要依据下列条件：

①与接穗亲和力强。

②对接穗生长结果无不良影响。

③能够与栽培地区的气候、土壤及其他环境条件相适应。

④能满足特殊要求，如矮化、乔化、抗病。

⑤如果种源比较丰富，则繁殖比较容易，最好是选择当地的野

生果树资源当作砧木。

（二）砧木与接穗的相互影响

1. 砧木对接穗的影响　砧木影响生长势和树体大小，影响物候期的进程，影响其结果早晚和果实品质好坏；影响树体的抗逆性和适应性，影响树体寿命。上述影响都是生理性的，不能遗传，一旦砧穗分离，则其影响作用也消失。

2. 接穗对砧木的影响　接穗对砧木根系的形态、结构及生理功能等，亦会产生很大的影响。如杜梨嫁接上鸭梨后，其根系分布变浅，且易发生根蘖。以短枝型苹果为接穗比以普通型为接穗的 MM_{106} 砧木的根系分布稀疏。

3. 中间砧对砧木和接穗的影响　在乔化实生砧（基砧）上嫁接某些矮化砧木（或某些品种）的茎段，然后再嫁接所需要的栽培品种，中间那段砧木称矮化中间砧（或中间砧）。中间砧对地上、地下部都会产生明显的影响，如 M_9，M_{26} 作为元帅系苹果中间砧，树体矮小，结果早，产量高，但根系分布浅，固地性差。

三、主要嫁接技术

（一）嫁接技术的特点

①苗木由 2~3 部分（砧木—接穗或者砧木—中间砧—接穗）

组成。

②能保持母体的优良性状，且生长快、结果早。

③根系发达，生命力强，适应性强。

④可以利用砧木的某些性状如抗旱、抗寒、耐盐碱、抗病虫等，提高果树的适应性和抗逆性。

⑤繁殖系数大，便于大面积推广。

(二) 嫁接方法的分类

①根据嫁接的时期，可以分为生长季嫁接（即芽接）与休眠期嫁接（即枝接）。

② 根据嫁接的场所可以分为地接和掘接。

③根据嫁接的部位可以分成高接、平接和腹接。

④根据嫁接所采取的材料可以分为根接、芽接、枝接、靠接、桥接。

其中芽接又可以分为"T"字形芽接、"工"字形芽接、方块形芽接、套芽接、嵌芽接等。而枝接又可分成皮下接、切腹接、劈接、切接、舌接、靠接等类型。

(三) 嫁接工具的准备

劈接刀：主要用于劈开砧木的切口。其刀刃用来劈砧木，而楔部用来撬开砧木的劈口。

手锯：用于锯断较粗的砧木。

枝剪：主要用于剪接穗和较细的砧木。

芽接刀：进行芽接时一般用于削接芽和撬开芽接的切口。芽接刀的刀柄有角质片，当用它撬开接口时，不会使金属刀片与树皮内的单宁发生化学变化。

铅笔刀或者刀片：主要用来切削草本植物的砧木与接穗。

水罐和湿布：主要用于盛放和包裹接穗。

绑缚材料：主要用于绑缚嫁接的部位，避免水分蒸发，使砧木与接穗能够密接紧贴。常用的绑缚材料主要有马蔺、蒲草、棉线、橡皮筋、塑料条带等。

嫁接夹：大多用于子苗的嫁接，用在嫁接部位，促进砧木与接穗的密接。

接蜡：接蜡主要用于涂盖芽接的接口，防止水分的蒸发和雨水侵入接口。接蜡有两种，即固体接蜡和液体接蜡。

①固体接蜡。其原料为黄蜡2份、动物油或植物油1份、松香4份。进行配制时，首先将动物油加热熔化，然后将松香和黄蜡倒入，并进行搅拌，等搅拌至充分熔化即成。固体接蜡一般平时结成硬块，用时需要对其进行加热熔化。

②液体接蜡。其原料为松香8份、松节油0.5份、动物油1份、酒精3份。在配制液体接蜡时，首先将松香和动物油放在锅内加热，等到全部熔化后，稍微放置冷却，将酒精与松节油慢慢注入其中，并加以搅拌即成。在使用时，用毛笔蘸取涂抹在接口上，见风即干。

在上述所有的用具用品中，各种刀剪必须在使用前磨得十分锋利。这与嫁接的成活率密切相关，应该引起重视。

（四） 嫁接主要方法

1. 芽接

（1）芽接的特点及其利用　用芽片作接穗的嫁接方法就是芽接。芽接的特点主要有：

①操作方法比较简便，嫁接的速度快，而且砧木与接穗的利用比较经济。

②采用一年生的砧木苗就能够嫁接，而且愈合比较容易。

③接合比较牢固，而且成活率较高，成苗比较快，比较适合于大量繁殖苗木。

④适合进行芽接的时间比较长，而且充足。

⑤如果在嫁接时不剪断砧木，一次没有接活，还可以进行补接。

（2）芽接时间　芽接可在春、夏、秋 3 季进行，但一般以夏、秋芽接为主。绝大多数芽接方法都要求砧木和接穗离皮（指木质部与韧皮部分离），且在接穗芽体充实饱满时进行为宜。一般落叶树在 7~9 月份进行，常绿树 9~11 月份进行。当砧木和接穗都不离皮时采用嵌芽接法。

（3）接穗的采集

①选择。应该从良种母本园或者采穗圃内采集接穗，选择品种时要从生长健壮、无病虫害、品质优良、丰产、稳产的壮年母株上进行采集。

②枝条的选择。在生长季进行芽接用的枝条，应该选择树冠外

围中上部生长健壮的当年生新梢或者一年生的发育枝。注意细弱枝与徒长枝不能作接穗。

在春季嫁接时所采用的接穗最好是结合冬季的修剪来采集，进行采集后将其每 50~100 根捆成一捆，标明其品种，然后用湿沙来贮藏。

在生长季嫁接时所采用的接穗通常是随采随接，对于采下的接穗应该立即将叶片及生长不充实的梢端剪去，从而使水分的蒸发量减少，将其每 50~100 根捆成一捆，在上面标明品种以及采集日期。

（4）嫁接方法

① "T" 形芽接，又称盾形芽接。具体操作如下。

削芽片：左手拿接穗，右手拿嫁接刀。选接穗上的饱满芽，先在芽上方 0.5 厘米处横切一刀，切透皮层，横切口长 0.8 厘米左右。再在芽以下 1~1.2 厘米处向上斜削一刀，由浅入深，深入本质部，并与芽上的横切口相交。然后用右手抠取盾形芽片（图 5-1）。

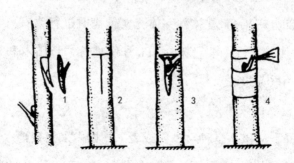

图 5-1 "T" 形芽接

1. 取接芽　2. 处理砧木　3. 砧穗对接　4. 绑扎

切砧术：在砧木距地面 5~6 厘米处，选一光滑无分枝处横切一刀，深度以切断皮层达木质部为宜。再于横切口中间向下竖切一刀，长 1~1.5 厘米。

接合：用芽接刀尖将砧木皮层挑开，把芽片插入"T"形切口内，使芽片的横切口与砧木横切口对齐嵌实。

绑缚：用塑料条捆扎。先在芽上方扎紧一道，再在芽下方捆紧一道，然后连缠三四下，系活扣。注意露出叶柄，露芽不露芽均可。

②嵌芽接。对于枝梢具有棱角或沟纹的树种，如板栗、枣等，或其他植物材料砧木和接穗均不离皮时，可用嵌芽接法（图5-2）。用刀在接穗芽上方 0.8~1 厘米处向下斜切一刀，深入木质部，长约 1.5 厘米，然后在芽下方 0.5~0.6 厘米处斜切呈30°角与第一刀的切口相接，取下倒盾形芽片。砧木的切口应比芽片稍长，插入芽片后，应注意芽片上端必须露出砧木皮层，最后用塑料条绑紧。

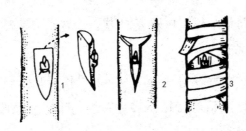

图 5-2 嵌芽接

1. 取接芽 2. 砧穗对接 3. 绑扎

③方块形芽接。具体操作如下：

削芽片：用双刃刀在接穗芽的上下分别横割一刀直到木质部，然后在芽的两侧分别纵割一刀，轻轻将芽片取下，注意要带护芽肉。芽片的长度为 3~4 厘米，宽为 2.5~3 厘米（图 5-3）。

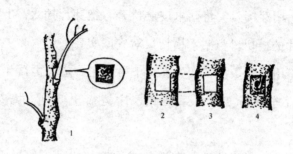

图 5-3　方块形芽接

1. 取芽片　2. 接穗切口　3. 砧木切口　4. 插芽片

切砧木：在砧木的嫁接部位采取相同的方法取下与接芽片大小差不多的树皮，然后迅速地将芽片贴上。

绑缚：用塑料薄膜条从上到下将其绑严扎紧，从而使芽片的上方与砧木方块形切口的横切口紧贴，使形成层对齐。在进行捆绑时，用拇指将叶柄处压紧，以保证芽片的生长点和砧木吻合。接后，在砧木嫁接部位以上留叶 2~3 片，然后将梢段剪去或者扭梢。

（5）芽接苗的管理

①成活检查、解绑和补接。大部分果树要在接后 10~15 天进行成活检查，已成活的特征是接芽新鲜、叶柄一触即落，没有成活的应该及时进行补接。

②培土防寒。在冬季严寒的地区，为了避免接芽受冻，在封冻前应该进行培土防寒。培土厚度最好超过接芽的 6~10 厘米，在春季土壤解冻后应该扒开培土。

③剪砧。通常分成一次和二次进行。

一次剪砧主要是在春季萌芽前，在接芽上部 0.2~0.3 厘米处将其剪断。二次剪砧则是在接口以上大约 20 厘米处将砧木上部剪去，保留的活桩可以当作新梢绑缚之用，等到新梢木质化后再进行二次剪砧。

④除萌摘心。进行剪砧后，在砧木的基部很容易发出大量的萌蘖，应该将这些萌蘖及时多次地除去，避免其与接芽争夺养分和水分。

⑤加强肥水管理和防治病虫害。在生长前期应该要加强肥水管理，不断进行中耕除草，促使土壤疏松透气，从而促进苗木的生长。等到 7 月份以后要控制好肥水，并且要注意防治病虫害，以保证苗木的正常生长。

施肥时期：a. 在春节剪砧后，应该及时地进行追肥灌水，每亩施尿素 10 千克并且结合中耕进行松土；b. 在 5 月中下旬的苗木旺长期应该追一次速效性肥料，即每亩施尿素 10 千克或者每亩施复合肥 10~15 千克，施肥后再进行灌水；c. 结合喷药再加 0.3% 的尿素来进行根外追肥；d. 等到 7 月份后再注意控制肥水；e. 等到 8~9 月份时在叶面上喷施 3~4 次 0.5% 的磷酸二氢钾液，从而促进苗木的充实健壮。

2. 枝接

（1）接穗的采集　一般在秋季落叶后到春季萌芽前的休眠期内进行接穗的采集。采集时，应该选择生长健壮、侧芽比较饱满的枝段。

（2）接穗的贮运　在休眠期采集的接穗如果需要贮藏，为避免霉烂和失水，应该在 0~5℃的低温、相对湿度达到 80%~90% 的适当透气条件下进行存放。在运输时，应该附上品种的标签，在剪口处进行涂蜡，采用有孔的箱、筐或者塑料薄膜以及透气性比较好的保湿材料进行包装。

（3）枝接时间　枝接一般在早春树液开始流动，芽尚未萌动时进行为宜。一般北方落叶树在 3 月下旬至 5 月上旬，南方落叶树在 2~4 月份；常绿树在早春发芽前及每次枝梢老熟后均可进行。北方落叶树在夏季也可用嫩枝进行枝接。

（4）枝接方法

①劈接。这是一种古老的嫁接方法，应用很广泛，对于较细的砧木也可采用，并很适合于果树高接（图 5-4）。

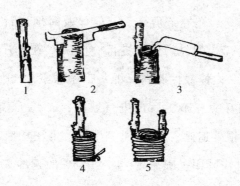

图 5-4　劈接法

1. 削插穗　2. 劈砧木　3. 插接穗　4. 绑接穗　5. 绑缚双接穗

削接穗：接穗削成楔形，有 2 个对称削面，长 3~5 厘米。接穗的外侧应稍厚于内侧，如砧木过粗，夹力太大的，可以内外厚度一致或内侧稍厚，以防夹伤接合面。接穗的削面要求平直光滑，粗糙不平的削面不易紧密结合。

砧木处理：将砧木在嫁接部位剪断或锯断。截口的位置很重要，要使留下的树桩表面光滑，纹理通直，至少在上下6厘米内无伤疤，否则会使劈缝不直，木质部裂向一面。待嫁接部位选好并剪断后，用劈刀在砧木中心纵劈一刀，使劈口深3~4厘米。

接合与绑缚：用劈刀的楔部把砧木劈口撬开，将接穗轻轻地插入砧内，使接穗厚侧面在外，薄侧面在里，然后轻轻撤去劈刀。插时要特别注意使砧木形成层和接穗形成层对准。插接穗时不要把削面全部插进去，要外露0.5厘米左右的削面。这样接穗和砧木的形成层接触面较大，有利于分生组织的形成和愈合。较粗的砧木可以插2个接穗，一边一个，然后，用塑料条绑紧即可。

②切接。比较适合用于比较粗大而且接穗比较细的砧木（图5-5）。

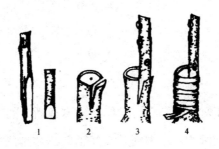

图5-5　切接方法

1. 削接穗　2. 切砧木　3. 插接穗　4. 绑缚

切砧木：将砧木在离地面的5~10厘米处锯断，然后选择比较平整光滑的一侧，从横切面的1/3处劈一长约3厘米的垂直切口。

削接穗：在接穗下端削一个长削面，大约为3厘米长，然后再在其背后削一个短削面，长为0.5~1厘米。

插接穗：将接穗插入砧木的切口。注意要长削面朝里，短削面朝外，从而使砧穗双方的一边形成层对准，而砧穗则紧密接触，对伤口的愈合十分有利。

绑缚：用塑料薄膜条或者用塑料袋将砧木的断面和接口绑严扎紧。

③皮下接。一般在高接换种时采用皮下接，砧木比较粗大、皮层比较厚、比较适合剥离时采用（图5-6）。

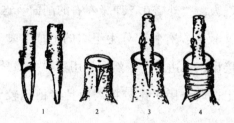

图5-6　皮下接方法

1. 削接穗　2. 切砧木　3. 插接穗　4. 绑缚

削接穗：剪截一段接穗，上面要带有2~4个饱满芽，在接穗的下端斜削一个长削面，长约3厘米。

切砧木：首先要在光滑的部位将砧木剪断，然后在砧木皮层比较光滑的一侧纵切一刀，大约长2厘米，深达木质部。

插接穗：将砧木的纵切口皮层用刀尖向两侧拨开，将长削面朝里紧贴插入木质部，使砧穗双方紧密的接触。

绑缚：用塑料薄膜条或者塑料袋将砧木的断面和接口绑严扎紧。

④切腹接。比较适合于苹果、梨等果树的高接换种，操作起来比较简单。切腹接方法如图5-7所示。

图 5-7 切腹接方法

1. 削接穗 2. 切砧木 3. 插接穗 4. 绑缚

削接穗：接穗上要留 2~3 个芽，在接穗下的芽背面下端削一长削面，长为 3~4 厘米，然后在其背面上削一短削面，长约 2 厘米。

切砧木：用枝剪或切接刀在砧木的嫁接部位斜向下切开，通常深达砧木直径约 1/3。

插接穗：将切口轻轻推开，接穗的短削面朝外，长削面朝里，迅速将其插入砧木的切口，使接穗的两个削面和砧木的两个切面的形成层对齐。

绑缚：用塑料薄膜条或者塑料袋将砧木的断面和接口绑严扎紧。

⑤舌接。常用于葡萄的枝接，一般适宜砧径 1 厘米左右粗，并且砧穗粗细大体相同的情况。在接穗下芽背面削成约 3 厘米长的斜面，然后在削面由下往上 1/3 处，顺着枝条往上劈，劈口长约 1 厘米，呈舌状。砧木也削成 3 厘米左右长的斜面，在斜面由上向下 1/3 处，顺着砧木往下劈，劈口长约 1 厘米，和接穗的斜面部位相对应。把接穗的 1/3 插入砧木的劈口中，使砧木和接穗的舌状交叉起来，然后对准形成层，向内插紧。如果砧穗粗度不一致，形成层对准 1 边即可。接合好后，绑缚即可（图 5-8）。

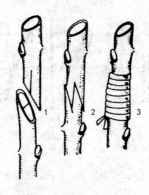

图 5-8　舌接方法

1. 砧穗处理　2. 砧穗对接　3. 绑扎

（5）枝接法与芽接法的比较

①枝接法的优势在于成活后接苗生长比较快，而且健壮整齐；缺点就是砧木要求较粗，接穗使用量较大，而且嫁接的时间还要受限制，成活率比较低。一般在砧木树液开始流动，但是接穗还没有萌动之前进行最合适。

②芽接法优势在于利用接穗最经济，比较容易成活，操作起来比较简便，容易掌握，而且可接的时间比较长，如果无法成活可以及时进行补接，芽接的成活率高达95%，方便大量繁殖苗木。

3. 根接法　以根系作砧木，在其上嫁接接穗。用作砧木的根可以是完整的根系，也可以是一个根段。如果是露地嫁接，可选生长粗壮的根在平滑处剪断，然后用劈接、插皮接等方法。也可将粗度0.5厘米以上的根系，截成8~10厘米长的根段，移入室内，在冬闲时用劈接、切接、皮下接、腹接等方法嫁接。若砧根比接穗粗，可把接穗削好插入砧根内，若砧根比接穗细，可把砧根插入接穗内。接好绑缚后，用湿沙分层沟藏，早春植于苗圃（图5-9）。

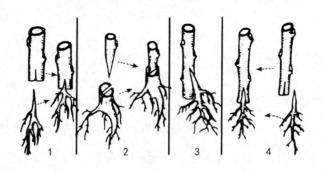

图 5-9　根接

1. 劈接倒接　2. 劈接正接　3. 倒腹接　4. 皮下接

四、嫁接后的管理

（一）检查成活

1. 芽接的成活检查　在嫁接后的10～15天进行检查，成活成功的标志就是接芽新鲜、叶柄一触即落。如果芽片萎缩，颜色比较黑，触而不落就是没有成活。没有成活的应该及时进行补接。

2. 枝接的成活检查　在嫁接后大约1个月检查其成活情况，如果接穗新鲜，伤口愈合比较好，芽已经萌动生长，就表明已经成活。

（二）解绑

①芽接一般在嫁接后的20天就可以解除捆绑。

②枝接应该在接穗发枝并且开始旺盛生长后先松绑然后再进行解绑。

（三）剪砧

在芽接成活后，将接芽以上的砧木部分剪除叫作剪砧。夏末和秋季的芽接应该在来年的春天萌动前进行，在早春或者初夏芽接成活后就能够进行剪砧。主要分一次剪砧和两次剪砧。

（四）除萌和抹芽

在剪砧后，砧木的基部容易发生大量的萌蘖，应该及时将其除去，从而节省养分和水分，对接芽或枝条生长有利。

（五）肥水管理

在春季进行剪砧后要及时进行追肥，灌水。每亩追施10千克左右的尿素，然后再结合追肥进行春灌，以及通过松土来提高地温，从而促进苗木根系的发育。5月中下旬苗木处于旺长期，再追10千克尿素或者10~15千克复合肥。施肥完后应该及时进行灌水。7月份以后要控肥、控水，以保证苗木生长充实和安全越冬。

（六）病虫害防治

如果出现立枯病、猝倒病、白粉病等病害和蚜虫、卷叶蛾等虫害，应该及时采取措施进行防治。

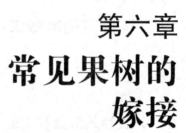

第六章

常见果树的嫁接

第一节　苹果嫁接

一、嫁接前的准备工作

（一）接穗的采集和贮运

应该从具有市场竞争能力、能适应当地的自然条件以及生长良好的优良品种上采集接穗。采穗的母株上必须具备优质、丰产和稳产的性状，而且生长发育健壮，没有检疫性病虫害。生长充实健壮，芽体饱满才能用作接穗。

接穗的采集应该根据嫁接的时期以及嫁接方法来确定。春季枝接时用的接穗，大多结合冬季修剪选取生长比较充实健壮的一年生发育枝段。采集完后要按照品种每50~100根捆成一捆，在上面标明品种、采集的日期和地点，然后将其埋入窖内和沟内的湿沙中进行贮藏。贮藏期间应该注意保湿、保鲜和防冻。早春气温回暖后，应该注意温度的控制，防止沟内的温度过高，以控制接穗萌芽，使嫁接的时期延长。

夏季嫁接所采用的接穗应该选用树冠外围生长比较充实的当年生新梢。采用的接穗应该将嫩梢和叶片立即剪去，从而减少水分的蒸发，同时将接穗的下端浸入水中并且放置在阴凉处保存。如果是远距离运输，应该附上品种标签，然后用双层湿蒲包、湿布或者塑料薄膜包好。与此同时还要注意通风降温，避免包内的温度过高。

（二）嫁接时间和方法

苹果嫁接一般在春、夏、秋三季进行，春季砧木发芽前可以用上年贮藏的接穗进行腹接、切接、劈接等枝接，如果贮藏的接穗仍旧处在休眠状态，可以进行嵌芽接。夏季接穗与砧木都离皮，这样就能够采用"T"字形芽接，等到秋季不离皮时，可以采用嵌芽接，春季在4月上旬到5月上中旬时进行枝接，在夏、秋季6~9月进行芽接。

在7月上旬以前的接芽，通常当年就能萌发，若对其加强肥水管理，一年便可成苗；对于7月中下旬与8月上旬后的接芽，通常在当年不萌发，等到第二年春季剪砧，在秋季成苗。

二、嫁接方法

（一）芽接

苗木培育生产中应用最广泛的一种方法就是芽接，芽接主要分为"T"字形芽接法和嵌芽接法等方法。

1. "T"字形芽接法　在砧木距离地面5厘米处选择比较光滑的部位，切一个"T"字形口，然后再削取接芽。在芽的上方大约1厘米处横切一刀，深达木质部，然后用刀从芽的下方1.5厘米处斜削入木质部一半时再向前平推到横切口处，再用手捏住接芽横向推取芽片。再用芽接刀柄将砧木接口挑开，将芽片从上到下轻轻插入，使芽片的上方和砧木的横切口对齐，再用塑料条对其进行严密包扎，将叶柄露在外面。

2. 嵌芽接法　削接穗时，要从芽的上方1~1.5厘米处呈30°角向下斜削一刀，深达木质部，然后在芽下方的0.8~1厘米处呈60°角斜切一刀一直到第一刀口的底部，将芽片取下。砧木切口的削法类似于接芽的削法，但是要比接芽的稍微长一些。在砧木的切口处插入芽片，将两者的形成层对齐，然后再用塑料条将其包严捆紧。在春季嫁接后随即剪砧，有利于接芽萌发。秋季嫁接时如果接穗或者砧木不离皮，也能够用这种方法，但是如果不剪砧，捆绑也不露接芽。

(二) 枝接

用一段枝条作接穗进行嫁接就是枝接，枝接主要分为劈接法和切接法等。

1. 劈接法 在嫁接部位将砧木剪断并且削平断面，从断面的中间向下劈一个垂直的劈口；在接穗的基部各削两个削面，约 3 厘米长，削面的两侧要一侧厚、一侧薄；削好后，应薄面向里，厚面向外，至少与接穗和砧木一侧的形成层对齐，将接穗插进砧木的劈口，接穗的削面"露白"0.5 厘米，然后用塑料条将其包严绑紧。根据砧木的粗细可以插 2~4 个接穗。

2. 切接法 嫁接前先从需要嫁接的部位将砧木剪断，将断面削平，然后在断面的 1/3 处向下切一个长约 3 厘米的垂直切口。等到砧木切好后，在接穗的基部削一个长 2~3 厘米的长削面，然后在其背面上削一个大约 1 厘米长的短削面，然后再将长削面向里插入砧木切口，接穗至少与砧木一侧的形成层对齐，然后再用塑料条将其包严绑紧。

三、嫁接苗的管理

(一) 检查成活、补接以及解除绑缚物

在芽接后的 7~10 天就能检查嫁接成活情况，成活的标准为接芽新鲜，叶柄一触即落。没有成活的要及时补接，离皮时要用"T"字

形芽接，不离皮时则用嵌芽接。

（二）培土防寒

在冬季比较寒冷干旱的地区，为了避免接芽受冻，应在封冻前进行培土防寒，培土的高度超过接芽6~10厘米为宜。等到春季解冻后，及时将防寒土撤除，防止对接芽的萌发造成不利影响。

（三）剪砧与春季补接

萌芽前在半成苗的上部大约1厘米处将砧木剪去。越冬后没有成活的，可以用枝接法进行补接。

（四）除萌蘖

剪砧后，应及时除去从砧木基部发生的大量萌蘖，防止其与接穗（芽）争夺水分和养分，以保证接穗（芽）健壮生长。

（五）摘心

翌年8月中下旬，应及时对细长的成苗摘心，促使养分转移到加粗生长上，从而使苗木发育得充实健壮。

梨嫁接

一、嫁接前的准备工作

在梨的生产中，传统的育苗方法大多用秋季芽接法，操作比较简单，成活率比较高。枝接大多会作为芽接的补接。

接穗的采集与贮藏

采集接穗时应该在品种比较纯正、生长较健壮而且丰产、稳产、无病虫害的植株上进行，所采的接穗为树冠外围生长比较健壮、没有病虫害的当年生新梢。将接穗采下后应该立即将叶片去掉，留下叶柄，根据品种每30~50根一捆，附上标签，标明品种，避免混杂，然后将接穗的下端1/3~1/2插进水中，存放在阴凉处，避免因日晒导致失水干枯。对于枝接用的接穗，可以结合冬季修剪进行采集，采下后应立即修整成捆，挂上标签，把品种和数量标明清楚，并且用湿沙贮藏。

二、嫁接方法

(一) 芽接法

常用的方法有以下几种。

1. "T" 字形芽接 正握接穗，自芽的下端 1 厘米左右向上切削一刀，长度达芽体上方 1 厘米处，再于其上部横切一刀深达木质部，然后将芽片取下，芽片一般长 2 厘米左右，宽 0.5 厘米左右。然后于砧木基部距地面 3~5 厘米处切一个正 "T" 字形的刀口，其长度和宽度要稍大于芽片，将芽片插入即可。需注意接芽上端的切面应与砧木的上端横切面对齐，最后以塑料条绑缚固定。一般将叶柄和芽体露在外面，以便检查成活率。

2. 嵌芽接 在芽上方的 1.5~2 厘米处稍带木质部向下斜切一刀，角度应呈30°，然后再在芽的下方大约 1 厘米处斜切一刀至第一刀口底部，角度呈60°，将芽片取下。在砧木所选定的高度上，在笔直光滑处，按照削取接芽的方法削去一块切面，并且切面要与接芽片的长、宽相近。将芽片插入砧木的切口，使两者的形成层对齐，并用塑料条将其包严绑紧。

(二) 枝接法

用果树枝条的一段作为接穗而进行的嫁接即为枝接法，枝接法主要在休眠期进行。枝接时间以砧木树液已经开始活动，接穗还没有萌动时最好。枝接的优势在于成活率高,接苗生长较快;但枝接比芽接方法要难,工作效率比芽接低,与此同时要求砧木比较粗。这种方法通常多用于苗圃春季的补接、高接换种或者伤疤桥接等。比较常用的有以下几种:

1. 切接 切接是枝接法中最常用方法,比较适合用在小砧木上。切接一般是在接穗的基部削两个削面,一个长,一个短,长面长为2~3厘米,位于侧芽的同侧,在长削面的对面削一个长度在1厘米左右的马耳形短削面。在距离地面5~8厘米处将砧木剪断,将砧木的断面削平,在木质部的边缘向下直切,切口的宽度要与接穗长削面的宽度相同,但是深度要稍微长于接穗的长削面。将接穗插入砧木切口,长削面要向里,使接穗与砧木的形成层对准,若不能两边对齐,应将一边对齐。最后再用塑料条将其包严绑紧。

2. 劈接 是在生产上应用比较多的一种枝接方法,通常比较适用于较粗的砧木。劈接是在接穗基部削2个长的削面,长度为3~5厘米。削面的两侧一侧较厚,另一侧较薄。然后在嫁接部位将砧木剪断,用劈接刀在砧木的中心垂直向下纵劈,深3~4厘米。用刀将砧木劈口撬开,将接穗插入砧木劈口内,薄的一侧面向里,厚的一侧面向外,使砧木与接穗的形成层对齐,然后再用塑料条包严绑紧。

3. 皮下接(插皮接) 皮下接是枝接中比较容易掌握,而且方法简便、效率较高的一种方法。通常在砧木树液已活动,而且易于剥皮,接穗还没有萌动时进行。若接穗能低温贮藏,则可将嫁接时期延长至5~6月,可在6月下旬至7月上旬进行高接,等到雨季来临时,将绑缚物解除。

(1)砧木切取 首先在砧木需要嫁接的部位,选择光滑无伤疤处，剪断砧木，断面要光滑。

（2）削接穗　选一段接穗，上面要带有 2~4 个芽，在顶芽的对面削一个长为 3~5 厘米的马耳形长削面，然后再在长削面的背面下端削一个短削面，长约 0.5 厘米。

（3）插接穗　将削好的接穗的长削面向内插入砧木的木质部与皮层之间，注意要适当"留白"。有的砧木易裂皮，也可以在要插接穗的部位，将砧木的树皮切一个垂直的切口，长度大约是接穗长削面的 2/3，然后再将长削面向里插入。砧木粗时也可以插入 2~4 个接穗。

（4）接后绑扎和保湿　接好后用塑料条包扎接口，特别是要包扎好砧木的断面，以免水分蒸发。用塑料条包住接穗顶端伤口或者涂上接蜡、铅油等。如果嫁接部位接近地面，包扎时可用麻皮、湿稻草等捆紧，然后再用湿土埋好。埋土位置要比接穗的顶芽高出 1.6 厘米左右，这样就能够省去解除绑缚物的工序。

4. 皮下腹接　皮下腹接一般适合用于大树的高接换种与光秃带的插木生枝。皮下腹接法操作简便，而且效果较好，不失为一种好的嫁接方法。

（1）砧木切取　嫁接前将嫁接部位选好，先将树皮切一个三角形口，大小与接穗直径差不多，并且顺着三角形口中间向下轻切一刀，长为 3~4 厘米，形成漏斗形。

（2）削接穗　将接穗按照插皮接的削法削好（两个长削面）。

（3）插接穗和绑扎　接穗削好后应该将其立即插入砧木切口内，使砧、穗形成层对齐，再用塑料条扎好。如果砧木较粗或者皮较厚，在嫁接前应该先刮除嫁接部位老皮，这样方便进行操作，对愈合十分有利。

(三) 根接

根接是用根系作为砧木，在砧木上嫁接接穗。用作砧木的根既可以是完整的根系，也可以是一个根段。若是露地嫁接，可以选择生长比较粗壮的根在平滑处将其剪断，用劈接或者皮下接等方法进行嫁接。也可以将粗度大于0.5厘米的根，将其截成8~10厘米长的根段，移入室内，在冬闲时用劈接、切接、皮下接、腹接等方法进行嫁接。如果砧根比接穗粗，就可以将接穗削好后将其插入砧根内；如果砧根比接穗细，应该将砧根插入接穗。等接好绑缚后，将其用湿沙分层沟藏，在早春时植于苗圃。

三、嫁接苗的管理

①在进行芽接后的2~3周，应将绑缚物及时松绑或解除，防止对砧木的加粗生长造成影响，同时避免绑缚物陷入皮层而使其折断。特别对前期嫁接的更应该注意，但是不宜过早。枝接苗应该在接穗发枝进入旺长期之后将绑缚物解除，进行高接换种的树，最好是在旺长期松绑，等到第二年再解除，这样既不会妨碍生长又有利于伤口的愈合。

②要在解绑时及时检查芽接苗是否成活，以便于进行补接。成活的标志是接芽及芽片呈新鲜状态，有光泽，叶柄一触即落；相反，则表示没有成活。没有成活的苗木应该及时进行补接，从而提高出苗率。

③在寒冷的地区，在土壤结冻前，应该对接芽进行培土并且灌封冻水。翌年春天解冻后，及时将培土去掉。

④芽接苗在春季接芽萌发前，剪除接芽以上的砧干，叫作剪砧。通常在树液流动前，在接芽片横刀口上方0.5厘米处一次剪除，不留活桩，对接口愈合十分有利。进行剪砧或者枝接后，应及时将砧干上出现的生长比较强旺的萌蘖抹除，以减少营养消耗，从而促进接穗的生长。通常应连续进行2~3次。

⑤枝接苗（特别是高接苗）新梢生长旺盛，在风大的地区应该设立支柱，将枝梢固定，防止其劈折。

⑥在生长前期应该注意肥水管理和中耕除草。在后期应该注意控制肥水，避免其旺长。同时还要防治苗期的病虫害。

桃嫁接

一、嫁接前的准备工作

（一）采集接穗

应从品种比较纯正，树势较为健壮，高产、稳产，没有检疫对象和其他严重病虫害的母树上进行接穗的采集。春季枝接用的接穗可以结合冬季修剪进行剪取，夏季芽接用的接穗随采随接最宜。

（二）嫁接时期

1. 春季嫁接　一般在 2 月中旬到 4 月底进行，这个时期砧木水分已经开始上升，可在其距离地面 8～10 厘米处剪断，用切接法或者劈接法进行嫁接。其成活率可达 95% 以上。

2. 夏季嫁接　一般在 5 月中旬至 8 月上旬进行，这个时期是芽接的好时期，因为树液流动旺盛。如果嫁接太早，则接芽会比较容易萌发，对越冬不利。与此同时，8~9月桃砧木苗加粗生长得很快，此时因嫁接过早而没有萌发的接芽很容易被砧木层夹在里边，到第二年剪砧后接芽萌发比较困难。桃砧停止生长比较早，如果嫁接太晚，砧木苗已经停止生长，则伤口愈合得非常慢，还会导致大量流胶，嫁接的成活率低，即便接活生长也不会旺盛。

3. 秋季嫁接　一般在8月下旬至9月下旬进行，这个时候当年生芽已经成熟饱满，可以进行嵌芽接。

4. 冬季嫁接　一般从11月初至第二年1月底，这时砧木树液已经停止流动，此时采用根接法嫁接比较适宜。

二、嫁接方法

（一）芽接

桃树育苗嫁接中应用最广泛的一种方法就是芽接，芽接主要有"T"字形芽接和嵌芽接。

1. "T"字形芽接法　又叫作盾片芽接法。在接芽的上方0.5厘米处横切一刀，深达木质部，然后从芽的下方1.5厘米处，斜削入木质部到1/2时再向前平推到横切口处，然后再用手捏住芽片推取长约2厘米的盾形芽片。在砧木的基部距离地面大约5厘米处选择阴面光滑的部位，用芽接刀切一个"T"字形的刀口，将削好的接芽插进砧木的切口，使接芽的上端和砧木的横切口对齐贴紧，然后再用塑料条将其包严绑紧。

2. 嵌芽接 又称作带木质部芽接法。嵌芽接在生产上应用比较多,其主要优势在于一年四季都可以进行嫁接,并不会受到枝条是否离皮的影响,并且由于嵌芽接不损伤芽片内的维管束,所以嫁接成活率高,苗木生长势比较强。其嫁接的主要方法是:用刀从芽的上方 1~1.5 厘米处呈 30°角向下斜削一刀,深达木质部,长 3 厘米左右,再从芽的下方 1 厘米处大约呈 60°角斜切一刀到第一刀口的底部,将带木质部的芽片取下,厚度为接穗直径的 1/5~1/4,具体可以根据接穗的粗度灵活掌握。然后用同样的方法在砧木距地面大约 5 厘米处的光滑部位削成与接芽芽片大体上差不多或者稍微长一点的切口,然后将芽片插贴在砧木的切口,插入芽片后应该使芽片上端露出一线宽窄的砧木皮层,使砧木和接穗一侧的形成层对齐,最后再用塑料薄膜将其包严绑紧。

(二)枝接

通常是在春季树液开始流动而且还没有发芽时进行。

1. 劈接法 在生产上应用较多的方法之一就是劈接法。将砧木距离地面 5~10 厘米的光滑处剪断,断面要平滑,然后将断面的中心垂直劈开,深为 3~4 厘米。接穗要选择具有 2~3 个饱满芽的枝段,在接穗的基部削两个 2.5~3 厘米长的削面,削面要位于顶芽的左右两侧,削面的两侧一侧稍薄,另一侧稍厚。削好后,将接穗稍厚的一侧朝外插入砧木劈口中,使砧木和接穗的形成层对齐,接穗削面的上端应比砧木的切口高出 0.2 厘米,即所谓的"露白",这对愈合有利。然后用塑料条将其绑严扎紧。在比较干旱的地区,为防止接穗失水而对成活造成不利影响,可用接蜡或者油漆将接穗上端剪口进行涂封,也可绑后将其埋入土中。

2. 切接法　将砧木嫁接部位剪断，将断面削平，在断面 1/3 处向下切一个长为 3~4 厘米的垂直切口。等砧木切好后，在接穗的基部削一个长 2~3 厘米的长削面，同时在其背面再削一个长约 1 厘米的马耳形短削面，然后再将长削面向里插进砧木切口，使砧木与接穗一侧的形成层对齐，最后用塑料条将其包严绑紧。

3. 腹接法　用嫁接刀在接穗的基部削一个长削面，长为 2~3 厘米，再在对面削一个 1~2 厘米长的短削面。在砧木距地面大约 5 厘米处选光滑面，用刀呈 30° 角切入砧木木质部，深达木质部的 1/3~2/5，切口的长度与接穗的长削面大体上一样。然后再将削好的接穗长削面向上，短斜面向下，插入砧木的切口，使砧木和接穗形成层对齐，随即进行剪砧，用塑料薄膜将其包严绑紧，并且用湿土培严，以保持湿润，避免风干。腹接法的切口接触面比较大，接合牢固，比较容易愈合，因此成活率高。

三、嫁接苗的管理

（一）解绑、剪砧

夏、秋季芽接后 7~10 天就能够解绑并检查是否成活，成活的标志是接芽新鲜、叶柄一触即落，没有成活的应该及时补接。若砧木已不离皮可采用嵌芽接或者在翌年春季进行枝接。进行枝接的，待接穗抽生的新梢长到大约 20 厘米时再解绑。如果是春季采用嵌芽接的，在接芽成活后应该立即剪砧。秋季芽嫁接在当年不剪砧，可以在第二年 3 月份萌芽前进行剪砧。

(二) 除萌抹芽

剪砧后，将砧木上萌发的所有的萌蘖抹去，只保留已萌发的接芽，防止萌蘖与接穗争夺水分和养分，以保证接穗的健壮生长。

(三) 土肥水管理

嫁接后的植株由于生长比较旺盛，此时需肥量大，应该对其及时追施适量化肥。第一次追肥可在苗木新梢长到 10 厘米以上时进行，然后每隔 15~20 天追肥一次，连续追 2~3 次，每亩用尿素 15 千克，施肥后再进行灌水。雨后和灌水后及时进行中耕除草。

第四节　杏嫁接

一、嫁接前的准备工作

（一）接穗的选择、采集和贮藏

应该从品种纯正、生长健壮、丰产、稳产、优质、无检疫性病虫害的成年植株的母株上进行接穗采集。接穗应该选用树冠外围生长比较健壮、芽体比较饱满的一年生或者当年生发育枝。进行枝接时选用发育比较充实的一年生枝，取其中的一段作为接穗；进行芽接时，如果在晚春或者初夏进行，则应该选用一年生枝上没有萌发的芽，如果在夏、秋季节进行，则应该选用当年的新生梢。采下接穗后，立即剪除叶片，留1厘米长的叶柄，便于在芽接时的操作和检查成活。接穗要每50~100根捆为一捆，把品种和采集日期注明清楚。如果马上进行嫁接，可以用湿布包裹或者将接穗的下端浸入清水中。如果是到第二年春季进行枝接，需要贮藏，则应该放在潮湿、

208

冷凉、温度变化小而且比较通气的房内或者窖内，将接穗的下部插在湿沙中，在上部盖上湿布，定期进行喷水，以保持湿润。如果要长途运输，应该用湿蒲包装运，途中要注意进行喷水和通风，以避免干枯或者霉烂。接穗运到后，立即将其取出，用冷水冲洗，然后再用湿沙覆盖放置于背阴处或窖内待用。

（二）嫁接时期

通常在3月上旬至4月上旬进行枝接，即在树液开始流动时进行。而芽接通常在7月至9月上旬进行，具体时间也要依据砧木的粗细、接芽的发育情况以及嫁接的工作量而定，具体原则是宜早不宜晚。

二、嫁接方法

（一）芽接法

常用的芽接法主要有以下几种。

1. "T"形芽接　应该选择接穗上的饱满芽，在芽上方的0.5厘米处横切一刀，切透皮层，然后在芽以下的1~1.2厘米处斜削入木质部1/2后再向前平推到横切口处，再用手推取盾形芽片。在砧木距离地面5~6厘米处，选择笔直、光滑、无分枝处横切一刀，深入木质部；再在横切口中间向下竖切一刀，大约1厘米长。用芽接刀尖将砧木皮层挑开，然后将芽片插入"T"形切口内，使芽片的横切口与砧木横切口对齐。最后再用塑料条进行捆扎，注意要露出叶柄。

2. 嵌芽接　在芽上方的 1.5～2 厘米处斜切入木质部，角度呈 30°，然后再在芽的下方大约 1 厘米处斜切入木质部直至第一刀底部，角度呈 60°角，将芽片取下。在砧木选定的高度上，选取光滑处，从上到下削一个与接芽片的长度和宽度相近的切口。然后将芽片插入切口，使两者形成层对齐，再用塑料条将其包严绑紧。

（二）枝接法

1. 切接　枝接法中切接是最常用的方法。接穗长为 5～8 厘米，具有 1～2 芽并且将其削成两个切面，一般长削面在顶芽的同侧，长约 3 厘米，在长削面的对侧削一个长约 1 厘米的短面。砧木在近地面选择平滑处将砧干剪断，把断面削平，从木质部的边缘向下直切，切口的长度和宽度应该与接穗相对应。将接穗插入切口，并使形成层对齐，将砧木切口的皮层包在接穗的外面加以绑缚并进行埋土。插接穗时，将接穗顶端进行剪口包扎，或者用接蜡封闭，防止水分的蒸发，利于成活。

2. 劈接　在距离地面 5 厘米处将砧木剪断，再从砧木中间，垂直向下劈一个深度为 4～5 厘米的劈口。在接穗的基部用刀削两个削面，长约 3 厘米，削面的两侧一侧稍薄，一侧稍厚，呈楔形。等到接穗削好后，将砧木劈口撬开，把接穗薄的一侧向里，厚的一侧向外，迅速插入砧木的劈口中，使接穗和砧木的形成层对齐，在接穗削面的上端应该保留 0.2～0.3 厘米的"露白"，最后用塑料薄膜条将其包严绑紧。

3. 皮下接　皮下接比较适合用在高接换种和老树烂头的更新。在进行皮下接时要选一段带有 2~4 个芽的接穗，在顶芽同侧削一个马耳形长削面，长为 2~3 厘米，然后再在长削面的背面下端削去 0.2~0.3 厘米的皮层。砧木可截头也可以不截头。在砧木上切一个"T"形口，插入接穗。等到接好后用塑料薄膜条进行绑缚。

三、嫁接后的管理

（一）检查成活率与补接

芽接后过 7~10 天就可以检查成活情况，成活的标志是接芽新鲜、叶柄一触即落。没有成活的可以及时进行补接，或者在第二年春季进行枝接。对于枝接，通常在嫁接 15 天后检查是否成活，主要是看接穗的色泽和是否萌芽。成活枝条的表现是皮色鲜亮，芽体饱满；未成活的表现是皮色皱缩发暗，芽体变枯。对于没有成活的，如果有储藏的接穗，可以进行补接；如果没有接穗，可将接口下剪去一部分，以促发萌蘖，选留一条位置比较好而且生长直立的嫩枝进行培养，等到 7~8 月份再进行芽接。

（二）解绑

一般在检查成活时将芽接的绑缚物解除。枝接接口的包扎物不能去除得太早，否则接口容易被风吹干，最好在新梢长到 20~30 厘米长时再将绑缚物解除。

211

（三）抹芽和摘心

在嫁接成活后，应及时将砧木接口下的萌蘖抹除，以节省养分，保证接穗（芽）抽生的新梢生长比较健壮。苗木长到 60~80 厘米时，在 5 月底到 6 月上旬进行第一次摘心，选留 3~4 条位置合适的 40 厘米以上侧枝当作主枝来培养，并将其余侧枝及时疏除，促进枝条粗壮生长，使芽体饱满，做好圃内的整形工作。在一个砧木上插入的两根接穗均已成活时，将长势较旺的保留，较弱的疏除，并且在保留的接穗上只留下两个侧枝，然后将其余的全部疏除。等到 8 月下旬再进行第二次摘心，将过密的发育枝疏除，以促使枝条木质化。

（四）施肥浇水

在接穗成活后应该及时浇一次水，到了 4 月下旬浇第二次水，每株苗木追施尿素 50~100 克，到了 5 月中下旬要浇第三次水，在 7 月上中旬结合浇水每株追施磷钾肥，在 8 月 20 日之前每株施腐熟的有机肥 2~3 千克和尿素 50 克，施肥后再进行浇水，在土壤结冻之前浇封冻水。

第五节 葡萄嫁接

一、嫁接前的准备工作

（一）接穗的选择和采集

应该从品种纯正、生长旺盛、无病虫害的丰产单株上采集接穗。选择生长比较充实、芽眼比较饱满、无副梢或者副梢较小的当年新蔓作接穗。在接穗剪下后应该立即将叶片剪去，将其基部浸在冷水中泡大约 1 小时，等到其充分吸水后用塑料薄膜包好，然后再进行运输。如果是就地嫁接，可以随取随接。

（二）芽接时期

芽接应该在葡萄的新梢已经开始木质化，而且接芽能够顺利掰下时进行。通常在 6~7 月时进行，如果过晚会对秋季接芽的成熟造成不利影响。如果要提早进行嫁接，在早春时节最好用塑料薄膜覆

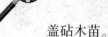

盖砧木苗。

二、嫁接方法

由于嫁接的时期不同，砧木的种类不一样，因此嫁接的方法也不一样，比较常见的方法主要有以下几种：

(一) 芽接

1. 砧木苗的选择和处理 砧木苗在越冬后，每株只留健壮的新梢1~2个，剩下的将其去除，并且将新梢嫁接带内的副梢除去，为嫁接作准备。

2. 芽接的方法 通常会采用方块芽接，方块芽接的芽片要比常规芽接的芽片大些，长为2~3厘米，宽大约1厘米。如果接穗比较嫩，可以采用嵌芽接。

(二) 枝接

枝接分为两种，即硬枝接和绿枝接，尤其是以葡萄休眠期室内的硬枝接为主。

1. 硬枝接 在葡萄的休眠期内，应该采用接穗和砧木的一年生枝条，在室内进行嫁接。将接穗在砧木的茎段上进行嫁接，经过愈合处理后，再实行扦插。枝接方法可以采用劈接、腹接和舌接等。

为了促使砧穗愈合，并且促进砧木发根，可以在温室或者火炕上进行加温处理。加温要求温度在25~28℃，等15~20天后，一部分接口便开始愈合。当砧木的基部出现了根源体和幼根，再经过放风锻炼，就能够露地扦插。加温时为保持湿度，最好要用湿锯末将插条的四周填充密实。春季可以在露地苗圃对越冬的砧木苗进行嫁接。

2. 绿枝接 绿枝接最好是在生长期进行，可以利用夏季修剪剪下的副梢和嫩梢作接穗，将其接在砧木的绿枝上。

绿枝接的主要方法是，在 6 月的中下旬，选择品种比较优良的新梢或者副梢，在接前的 2~3 天进行摘心，在接穗前剪留 1~2 节，将叶片剪去，只留下一小段叶柄，用切接或者舌接的方法，通常大约 10 天后即可愈合，在接后及时将砧木上的萌蘖和接穗新梢上的副梢除去。绿枝接一般用来加速良种的繁育，更新品种，其优势在于接穗来源广、操作比较简便而且成活率高。

三、嫁接苗的管理

在芽接后 10~15 天要解绑检查其成活情况，没有成活的及时补接。春季萌芽前，在接芽上方的 0.5 厘米处剪砧，没有成活的用枝接的方法进行补接。在剪砧后，由于砧木基部上的芽容易大量萌发，应及时将其抹去，以保证接芽的良好生长。

枝接后，也要将砧木上的萌芽及时抹去，等到新梢长到 30~40 厘米时，将绑缚的塑料条解除，并且设立支柱，在支柱间要拉尼龙绳或者铁丝，把新梢绑缚在尼龙绳或者铁丝上，防止新梢匍匐在地面上生长造成病菌感染，不利于叶片进行光合作用。

为了让苗木健壮生长，要注意对新梢上发出的副梢及时地留 1 片叶摘心；当苗木的高度达到大约 1 米时，应该对主梢进行摘心。

在7~8月份时，要对其喷施2次0.5%的磷酸二氢钾，以促进枝蔓充实成熟，增强越冬性。

在苗木的生长期间应该及时进行中耕除草，根据土壤的墒情来确定是否需要灌水。及时进行喷药，以防治病害，特别是叶部病害中的霜霉病。霜霉病的发生主要受空气和土壤的影响，如果空气温度高湿度大，土壤湿度大，则特别容易发生霜霉病，降雨就是引起霜霉病流行的主要因素。在霜霉病发病之前可以喷施27.12%铜高尚悬浮剂400倍液，或者30%绿得宝可湿性粉剂300倍液，或者绿乳铜800倍液等农药以加强预防。在霜霉病发病初期应该及时将病叶摘除，并且喷施72%克露可湿性粉剂700倍液，或72.2%普力克700倍液，或72%霜露速净600倍液等，进行喷布防治。